心理学创新研究丛书

# 青少年抑郁-焦虑共病
## 及其风险因素作用机制研究

罗 茜 冯正直 李奎良 ◎ 著

西南大学出版社
国家一级出版社 全国百佳图书出版单位

图书在版编目(CIP)数据

青少年抑郁-焦虑共病及其风险因素作用机制研究 / 罗茜, 冯正直, 李奎良著. -- 重庆 : 西南大学出版社, 2024.6
ISBN 978-7-5697-1932-1

Ⅰ.①青… Ⅱ.①罗… ②冯… ③李… Ⅲ.①青少年—抑郁—研究②青少年—焦虑—研究 Ⅳ.①B842.6 ②R749.74

中国国家版本馆CIP数据核字(2023)第133150号

## 青少年抑郁-焦虑共病及其风险因素作用机制研究
QINGSHAONIAN YIYU-JIAOLÜ GONGBING JI QI FENGXIAN YINSU ZUOYONG JIZHI YANJIU

罗 茜 冯正直 李奎良 著

| 责任编辑:任志林 牛振宇
| 责任校对:张浩宇
| 封面设计:汤 立
| 排 版:王 兴
| 出版发行:西南大学出版社(原西南师范大学出版社)
| 邮编:400715 网址:www.xdcbs.com
| 市场营销部电话:023-68868624
| 经 销:新华书店
| 印 刷:重庆市正前方彩色印刷有限公司
| 幅面尺寸:170 mm×240 mm
| 印 张:7.25
| 字 数:148千字
| 版 次:2024年6月第1版
| 印 次:2024年6月第1次印刷
| 书 号:ISBN 978-7-5697-1932-1
| 定 价:48.00元

# 前言

抑郁和焦虑症状是最为普遍的心理问题症状。抑郁和焦虑症状常常共同出现,共病率高达40%—65%。且抑郁和焦虑共病随着年龄增长而变化,相对于儿童,青少年的抑郁发生率更高,而儿童随年龄增长抑郁-焦虑共病率增加。青少年抑郁-焦虑共病的预后比单独任何一种预后都差,复发风险更高且持续时间更长。因此,青少年的抑郁-焦虑共病应该受到精神病学、心理学等学科的高度关注。

本书以大样本($N$=12672)的问卷调查为基础,分三方面对青少年抑郁-焦虑共病及其风险因素进行了探索。首先,分析了青少年抑郁-焦虑共病的社会心理特点;其次,使用网络分析方法分别对抑郁-焦虑共病及其与社交焦虑、学习压力和虐待经历构建了四个网络,从而考察四个网络的核心症状与桥症状;最后,使用结构方程模型验证了抑郁-焦虑共病与社会影响因素的假设关系。本书旨在为青少年抑郁-焦虑共病的心理干预提供理论与实践的依据,为青少年精神卫生健康的公共政策改革提供建议,也为青少年的父母和监护人在教养上提供指导。

主要研究结果及结论：

1.研究发现,青少年抑郁症状发生率为43.74%,焦虑症状发生率为46.26%。同时出现抑郁-焦虑共病的人数为4411名,占总人数的34.81%。其中轻度抑郁者占60.45%,中度抑郁者占23.15%,中重度抑郁者占10.52%,重度抑郁者占5.88%;轻度焦虑者占51.13%,中度焦虑者占25.40%,中重度焦虑者占11.84%,重度焦虑者占11.63%。

2.青少年抑郁-焦虑共病发生率从11岁起到15岁有明显的上升趋势,且在15岁以后开始下降并逐渐稳定,而且女性发生率高于男性。

3.青少年抑郁-焦虑共病发生率在不同的家庭教养方式、好朋友数量、高低学习压力、虐待经历、社交焦虑程度之间存在显著差异。具体表现为:强制型教养方式下的孩子的共病发生率显著高于溺爱型和民主型教养方式,好朋友数量越多的共病发生率越低,高学习压力组发病率显著高于低学习压力组,有虐待经历的青少年共病发生率显著高于无虐待经历组,社交焦虑程度越高的青少年共病发生率越高。

4.青少年抑郁-焦虑共病网络分析的结果发现,"犹豫不决"和"反复确认","害怕"和"紧张",以及抑郁症状"睡眠"和焦虑症状"难以放松"之间联系密切。中心性结果显示"悲伤"和"害怕"是网络中最重要的症状。桥症状结果显示"难以放松"和"睡眠"症状是青少年抑郁-焦虑共病心理干预的重要靶点。

5.抑郁-焦虑共病与社交焦虑的网络分析结果表明,社交焦虑症状"社交回避"和"社交紧张"在网络中具有最强的中心性,焦虑症状"难以放松"和"寻求帮助"为桥症状。

6.抑郁-焦虑共病与学习压力的网络分析结果表明,抑郁症状"失败感"在网络中具有最强的强度中心性,"失败感"同样是中心性最强的桥症状。

7.抑郁-焦虑共病与虐待经历的网络分析结果表明,虐待事件"抓、推、踢""不重要感"和"缺照顾"在网络中具有最强的强度中心性,"自杀"和"难以放松"是网络中的桥症状。

8.网络对比的结果显示"难以放松"症状为普遍的桥症状。链式多重中介结果表明,青少年学习压力、社交焦虑和虐待经历在抑郁与焦虑的关系中具有双向链式多重中介作用,表明青少年抑郁和焦虑存在直接或间接的作用。

基于以上结果,在对青少年进行心理教育与干预时应该注意以下几点:首先,应关注青少年的心理健康教育,尤其是他们在青春期的发育变化容易引起各种心理问题,需要学校和社会加强对青少年心理健康教育的力度,及时提供心理干预。其次,一方面加大对学校心理健康教育的监督,确保学校开展各种心理健康教育活动,进行心理健康专项筛查,做到早发现早干预,从源头遏制青少年抑郁-焦虑共病的产生;另一方面,监护人应该重视青少年遭受身心虐待带来的危害,改善教养方式,减少对青少年的施压,从而营造健康和谐的成长环境。再者,针对青少年抑郁-焦虑共病的干预,应该充分考虑与其他社会风险因素的联系,从而制订个性化的干预方案。最后,选择放松训练法(如冥想)和针对桥症状(如"难以放松")的干预可能有助于预防和治疗青少年的抑郁-焦虑共病。

本书的出版得到了很多无私帮助和真心关爱。首先,要感谢西南大学出版社、陆军军医大学医学心理系和基础医学院的支持,没有通力的合作与良好的沟通,很难让此书出版。然后,要感谢陆军军医大学医学心理系冯正直教授对我的悉心指导。从初跨学科的茫然到选题、实验设计和实施,最后到书稿撰写,冯教授都给予我细致入微的指导。此外,要衷心感谢陆军军医大学基础医学院胡志安教授、王开发教授对我的研究给予的大力帮助;真心感谢科研助理李奎良在实验的实施和数据分析上给予的大力帮助。最后,感谢我的父母、先生张胜和儿子朱嘉政,正是他们的理解和支持才得以让此书顺利完成撰写和出版。

罗茜

2023年7月10日于重庆

# 英文缩写一览表

| 英文缩写 | 英文全称 | 中文名称 |
| --- | --- | --- |
| S | Strength | 强度 |
| BS | Bridge Strength | 桥强度 |
| EI | Expected Influence | 预期影响 |
| BEI | Bridge Expected Influence | 桥预期影响 |
| DSM-5 | Diagnostic and Statistical Manual of Mental Disorders | 精神障碍诊断与统计手册 |
| ICD | International Classification of Diseases | 国际疾病分类 |
| GAD | Generalized Anxiety Disorder | 广泛焦虑障碍 |
| MDD | Major Depressive Disorder | 重度抑郁障碍 |
| CDI | Children's Depression Inventory | 儿童抑郁量表 |
| ICAST-C | ISPCAN child abuse screening tool children's version | 儿童虐待调查工具儿童版 |
| CI | Confidence Interval | 置信区间 |
| GGM | Gaussian Graphical Models | 高斯图论模型 |
| LASSO | Least Absolute Shrinkage and Selection Operator | 套索算法 |
| WHO | World Health Organization | 世界卫生组织 |

# 目 录 | CONTENTS

前言 / I

## 第一章 | 抑郁-焦虑共病研究综述 / 01

1. 抑郁症、焦虑症的精神病学诊断 / 02
2. 抑郁-焦虑的共病特征研究 / 03
3. 现有研究的局限与展望 / 06
参考文献 / 06

## 第二章 | 绪　论 / 11

1. 研究背景 / 12
2. 研究意义 / 17
3. 研究思路和技术路线 / 17
4. 研究方法 / 18
参考文献 / 20

# 第三章 | 青少年抑郁-焦虑共病及其风险因素的作用机制研究 / 25

### 研究一 青少年抑郁-焦虑共病个体特点分析 / 25

1. 研究对象与方法 / 26

2. 结 果 / 30

3. 讨 论 / 37

4. 小 结 / 41

参考文献 / 41

### 研究二 青少年抑郁-焦虑共病症状的网络分析 / 46

1. 研究对象与方法 / 47

2. 结 果 / 49

3. 讨 论 / 53

4. 小 结 / 55

参考文献 / 56

### 研究三 青少年抑郁-焦虑共病及其与社交焦虑的网络分析 / 59

1. 研究对象与方法 / 60

2. 结 果 / 61

3. 讨 论 / 64

4. 小 结 / 66

参考文献 / 67

**研究四　青少年抑郁-焦虑共病及其与学习压力的网络分析 / 69**
　　1.研究对象与方法 / 70
　　2.结　果 / 70
　　3.讨　论 / 73
　　4.小　结 / 75
　　参考文献 / 76

**研究五　青少年抑郁-焦虑共病及其与虐待经历的网络分析 / 78**
　　1.研究对象与方法 / 79
　　2.结　果 / 80
　　3.讨　论 / 83
　　4.小　结 / 86
　　参考文献 / 87

**研究六　青少年抑郁-焦虑共病关系:链式多重中介分析 / 91**
　　1.研究对象与方法 / 92
　　2.结　果 / 93
　　3.讨　论 / 96
　　4.小　结 / 98
　　参考文献 / 98

**全文总结 / 100**

# 第一章
# 抑郁-焦虑共病研究综述

　　抑郁症和焦虑症已经成为高发疾病,患者群体涉及所有人群。抑郁症和焦虑症是发病率高、识别和诊断率低、治愈效果差、会引起严重的功能损害并成为社会负担的疾病。同时,抑郁症和焦虑症患者除了精神障碍,还伴有躯体症状,不但个人痛苦,也给社会带来严重的安全问题。抑郁症和焦虑症面临的首要困难是,它们常常容易被忽视,识别和诊断困难。临床表明,大多数的抑郁症、焦虑症未被及时诊断,这不但延误治疗,也更容易让患者出现绝望、生无可恋等极端悲观心理状态,严重的会导致自杀行为。因此,及时地诊断抑郁症和焦虑症具有极其重要的意义。

## 1. 抑郁症、焦虑症的精神病学诊断

### 1.1 抑郁症的精神病学诊断

抑郁症是一种常见疾病,会严重限制个体的心理社会功能并降低其生活质量。2008年,世界卫生组织将严重抑郁症列为全球疾病负担的第三大原因,并预计该疾病将在2030年位居世界第一。2020年,世界卫生组织最新的数据表明,每年有近80万人因抑郁症自杀而失去生命,抑郁症是15—29岁年轻人的第二大死因,这严重影响了社会经济发展。在实践中,由于其表现形式多样,病程难以预测和对治疗与预后的反应不一,影响了对抑郁症患者的诊断、干预和治疗。

抑郁症包括两种主要的分类诊断系统:《精神疾病诊断和统计手册》[DSM](APA,2013)和《国际疾病分类》[ICD](WHO,2019)。这些系统依赖于对许多关键症状的识别,如:抑郁情绪、快感缺失等。将抑郁症定义为一种障碍是基于形成综合征并引起功能障碍的症状(Malhi et al., 2018)。有些症状是抑郁症的特有症状,例如快感缺失(愉悦感减弱)、昼夜变化(即,在醒来的某些时段内抑郁症状更为严重)。其他症状,例如疲劳、食欲不振、体重下降和失眠等,在其他医学疾病中也很常见(Malhi et al., 2018)。

### 1.2 焦虑症的精神病学诊断

焦虑症(分离性焦虑症、选择性躁狂症、特定的恐惧症、社交焦虑症、恐慌症、广场恐惧症和广泛性焦虑症)是另一常见的疾病,主要发生在童年、青春期和成年初期。它们与发育正常或压力引起的短暂性焦虑有所不同(即与实际威胁不成比例)并且持续存在,同时损害了个体的日常功能。大多数情况下被焦虑症影响的女性人数几乎是男性的两倍。他们经常并发严重抑郁症、酒精和其他物质使用障碍以及人格障碍。必须从身体状况(包括甲状腺、心脏和呼吸系统疾病,以及物质中毒和戒断)中进行鉴别诊断。如不及时治疗,焦虑症往往会长期复发(Craske & Stein, 2016)。

DSM 和 ICD 这两种分类系统都被广泛用于临床诊断。但是对于研究而言，DSM 是主要的分类系统。除了 DSM 和 ICD 工具外，还可以使用评级量表对抑郁或焦虑的严重程度进行量化。因此，已经有专家开发了筛查工具来帮助在各种临床情况下识别抑郁症，一些使用自我报告的方法可以在候诊室或在线使用（Reynolds & Frank，2016）。但是，需要注意一些筛查的局限性。一个局限性是跨越多个域（情绪、认知和神经营养）的一系列症状之间缺乏等级关系，并且不清楚哪些症状（如果有的话）需要优先考虑或具有更大的权重。这里应该区别于有些研究者认为的抑郁症状之间具有相同的权重的看法。

抑郁症和焦虑症通常可以通过药物和心理疗法进行治疗，且最新的研究表明，同时使用药物和心理治疗的效果优于仅使用其中一种方式的治疗效果（Bandelow et al.，2017; Kok et al.，2017）。值得注意的是，尽管研究表明心理疗法，尤其是认知行为疗法以及药物疗法，尤其是选择性5-羟色胺再摄取抑制剂和5-羟色胺-去甲肾上腺素再摄取抑制剂是有效的。然而，在抑郁或焦虑症状的治疗过程中通常没有使用特异性的药物（即两个疾病都使用了相似的药物进行治疗），这也会导致无效的治疗。因此，需要更多的研究来增加获得和开发个性化治疗的机会。

## 2. 抑郁-焦虑的共病特征研究

### 2.1 传统分类系统的局限性

我们已经可以确定的是抑郁症和焦虑症具有高度的共病性。如广泛焦虑症与其他特定焦虑症的鉴别，这些焦虑都有相似的症状，例如恐惧和焦虑，只是针对的事物不同。抑郁症的诊断还需要与破坏性心境失调障碍或双向情感障碍等疾病的鉴别联系起来进行考察。这意味着许多精神疾病甚至是躯体疾病之间存在着不同与差异。然而，在诊断过程中如何确定各种疾病之间的界限变得尤为重要，因为，这是进行精准干预和治疗的前提。但是，传统的分类系统存在很大的局限。第一,这些传统系统将所有精神障碍归为一类,而迄今为止的证据表明,精神病理学存在于具有正常功能范围的连续体上。实际上,没有一个精神障碍被确定为离散的分类实体(Carragher et al., 2014; Haslam et al., 2012; Walton et al., 2011; Wright et al., 2013)。重要的是,在自然尺度现象上强加分类命名法会导致信息的大量损失和诊断的不稳定(Markon et al., 2011; Morey et al., 2013)。第二,传统诊断通常可靠性有限,例如,DSM-5的现场试验发现五分之二的诊断的临界点没有达到可接受的可靠度(Regier et al., 2013)。第三,传统分类法试图通过指定疾病亚型来解决异质性。但是,大多数亚型已经被合理地定义,而不是从结构研究中衍生出来的,并且未能划定同质的亚组(Watson, 2003)。第四,在临床和社区样本中,精神障碍中的并发现象(通常称为并发症)非常普遍(Ormel et al., 2015)。就病理学而言,更高的并发症表明某些单一症状已被多次诊断,因此经常并发,表明有必要重新划分疾病之间的界限。第五,DSM-5通过提供其他指定/未指定(以前未指定)类别解决了此问题。重要的是,这些情况代表了当前系统的缺陷,因为这种诊断提供的信息很少,且需要专业的系统学习才能掌握诊断。

鉴于并发症的复杂性,网络分析方法为并发症提供了全新的视角,根据网络对精神病学的观点,精神障碍可被视为相互作用症状的系统。从这个角度来看,症状之间的因果相互作用构成了精神障碍(Cramer et al., 2010; Kendler et al., 2011)。例如抑郁症患者经常会表现出悲伤、兴趣减弱、疲劳、失眠、注意力不集中和自杀意念,并且很容易想到这些问题之间的因果关系,例如,失眠引起疲劳进而导致注意力集中问题或悲伤、快感不足最终形成自杀意念。

### 2.2 抑郁症、焦虑症的网络分析

近年来,越来越多的研究使用网络分析来探讨精神障碍,例如重度抑郁症、焦虑症、创伤后应激障碍和精神病等相互作用的联系。网络分析方法起

源于2008年(Borsboom,2008)并实践应用于2010年(Cramer et al.,2010),网络分析方法近年来得到快速发展,并获得了相当程度的认可。过去几年中取得的重大进步是统计模型的发展,该模型可以估算经验性心理病理学网络。网络分析与了解并发症特别相关,因为我们可以直接检查一种疾病的症状如何导致另一种疾病的症状(Cramer et al.,2010)。确定跨越疾病的病理路径可以帮助临床医生确定可能干预从一种疾病到另一种疾病的传播的核心目标,例如桥症状(Jones et al.,2019)。

关于抑郁和焦虑症共病,最近几项横断面研究调查了各种疾病中症状之间的关系。在第一个实证网络研究中(Cramer et al.,2010),Cramer等人发现,一般人群样本中重度抑郁和焦虑症症状的经验网络结构是重叠的。一项研究在大量的临床样本中重复了这些发现,得出重度抑郁和焦虑症症状紧密相关的结论(Beard et al.,2016)。此外,抑郁和焦虑共病网络的研究从临床患者推广到其他各类型的社区样本中。例如最近的研究探索了5—14岁儿童的抑郁-焦虑共病的动态网络(McElroy et al.,2018)以及菲律宾移民工人的抑郁-焦虑共病网络(Garabiles et al.,2019)等。近年来的研究涉及的范围更广,得到了许多研究的认可。

当前,越来越多的研究在抑郁-焦虑共病网络中加入其他的疾病来探索症状之间更为广泛的联系。例如加入神经性厌食症(Levinson et al.,2017),与仅是抑郁和焦虑的网络相比,加入神经性厌食症后的网络中心性症状为对体重增加的恐惧,而食欲变化、头昏眼花和颤抖则为该网络的桥症状。再如加入饮食障碍的网络(Smith et al.,2019),该网络中心性最强的症状为渴望减肥、进食自责等,而烦躁不安、缺乏活力等为桥症状。从这些研究的结果中可以看出,纳入新的疾病后,原抑郁和焦虑网络结构发生变化。这意味着这些变化,是加入了不同的新疾病所引起的,表明这些疾病对抑郁和焦虑症状的影响存在差异。

### 3. 现有研究的局限与展望

尽管网络分析得到广泛的认可,但是其仍然存在一定的局限性。就像任何横断面模型一样(无论是网络模型还是因子模型),横断面结果都无法轻易地推广到个人(Van Borkulo et al., 2016)。因此在设计研究调查时,考虑使用手机或无线穿戴设备以实时获取纵向的研究数据是极为必要的。此外,不同的研究群体之间可能存在不同的网络结果,这使得研究结论很难进行推广,存在研究重复性的问题。最后,应该探索新的网络计量指标,以提供更稳定的结果或更丰富的信息。

尽管如此,网络分析仍是一个极具潜力的方法,在识别各种疾病的并发症中起着非凡的作用。网络方法提供了一种模型,该模型可以捕获临床医生和患者立刻认识到的精神病理学的复杂性和个体差异,以便解决有关心理病理学易感性和发作以及预防复发的重要临床问题。同时,它也可能对常规疗法有所帮助,因为它可以增强患者对自身症状动态的了解。综上所述,该网络提供了一个有前途的概念框架,可以进一步开发精神病学中的个性化医学。

# 参考文献

American Psychiatric Association. (2013). *Diagnostic and statistical manual of mental disorders, 5th edition* (DSM-5). Arlington, VA, USA: American Psychiatric Publishing.

Bandelow, B., Michaelis, S., & Wedekind, D. (2017). Treatment of anxiety disorders. *Dialogues in Clinical Neuroscience*, 19(2), 93-107.

Beard, C., Millner, A. J., Forgeard, M. J., Fried, E. I., Hsu, K. J., Treadway,

M. T., & Björgvinsson, T. (2016). Network analysis of depression and anxiety symptom relationships in a psychiatric sample. *Psychological Medicine*, *46*(16), 3359–3369.

Borsboom, D. (2008). Psychometric perspectives on diagnostic systems. *Journal of Clinical Psychology*, *64*(9), 1089–1108.

Carragher, N., Krueger, R. F., Eaton, N. R., Markon, K. E., Keyes, K. M., Blanco, C., & Hasin, D. S. (2014). ADHD and the externalizing spectrum: Direct comparison of categorical, continuous, and hybrid models of liability in a nationally representative sample. *Social Psychiatry and Psychiatric Epidemiology*, *49*(8), 1307–1317.

Cramer, A. O. J., Waldorp, L. J., van der Maas, H. L. J., & Borsboom, D. (2010). Comorbidity: A network perspective. *Behavioral and Brain Sciences*, *33*(2-3), 137–150.

Craske, M. G., & Stein, M. B. (2016). Anxiety. *Lancet*, *388*(10063), 3048–3059.

Garabiles, M. R., Lao, C. K., Xiong, Y., & Hall, B. J. (2019). Exploring comorbidity between anxiety and depression among migrant Filipino domestic workers: A network approach. *Journal of Affective Disorders*, *250*, 85–93.

Haslam, N., Holland, E., & Kuppens, P. (2012). Categories versus dimensions in personality and psychopathology: A quantitative review of taxometric research. *Psychological Medicine*, *42*(5), 903–920.

Jones, P. J., Ma, R., & McNally, R. J. (2019). Bridge centrality: A network approach to understanding comorbidity. *Multivariate Behavioral Research*, 1–15.

Kendler, K. S., Zachar, P., & Craver, C. (2011). What kinds of things are psychiatric disorders? *Psychological Medicine*, *41*(6), 1143–1150.

Kok, R. M., & Reynolds, C. F., 3rd. (2017). Management of depression in older adults: A review. *Jama*, *317*(20), 2114-2122.

Levinson, C. A., Zerwas, S., Calebs, B., Forbush, K., Kordy, H., Watson, H., & Bulik, C. M. (2017). The core symptoms of bulimia nervosa, anxiety, and depression: A network analysis. *Journal of Abnormal Psychology*, *126*(3), 340-354.

Malhi, G. S., Outhred, T., Morris, G., Boyce, P. M., Bryant, R., Fitzgerald, P. B., & Fritz, K. (2018). Royal Australian and New Zealand college of psychiatrists clinical practice guidelines for mood disorders: Bipolar disorder summary. *Medical Journal of Australia*, *208*(5), 219-225.

Markon, K. E., Chmielewski, M., & Miller, C. J. (2011). The reliability and validity of discrete and continuous measures of psychopathology: A quantitative review. *Psychology Bulletin*, *137*(5), 856-879.

McElroy, E., Fearon, P., Belsky, J., Fonagy, P., & Patalay, P. (2018). Networks of depression and anxiety symptoms across development. *Journal of the American Academy of Child & Adolescent Psychiatry*, *57*(12), 964-973.

Morey, L. C., Krueger, R. F., & Skodol, A. E. (2013). The hierarchical structure of clinician ratings of proposed DSM-5 pathological personality traits. *Journal of Abnormal Psychology*, *122*(3), 836-841.

Ormel, J., Raven, D., van Oort, F., Hartman, C. A., Reijneveld, S. A., Veenstra, R., & Oldehinkel, A. J. (2015). Mental health in Dutch adolescents: A TRAILS report on prevalence, severity, age of onset, continuity and comorbidity of DSM disorders. *Psychological Medicine*, *45*(2), 345-360.

Regier, D. A., Narrow, W. E., Clarke, D. E., Kraemer, H. C., Kuramoto, S. J., Kuhl, E. A., & Kupfer, D. J. (2013). DSM-5 field trials in the United States and Canada, Part II: Test-retest reliability of selected categorical diagnoses. *American Journal of Psychiatry*, *170*(1), 59-70.

Reynolds, C. F.3rd, & Frank, E. (2016). US preventive services task force recommendation statement on screening for depression in adults: Not good enough. *JAMA Psychiatry*, *73*(3), 189-190.

Smith, K. E., Mason, T. B., Crosby, R. D., Cao, L., Leonard, R. C., Wetterneck, C. T., & Moessner, M. (2019). A comparative network analysis of eating disorder psychopathology and co-occurring depression and anxiety symptoms before and after treatment. *Psychological Medicine*, *49*(2), 314-324.

van Borkulo, C. D., Borsboom, D., & Schoevers, R. A. (2016). Group-level symptom networks in depression-reply. *JAMA Psychiatry*, *73*(4), 411-412.

Walton, K. E., Ormel, J., & Krueger, R. F. (2011). The dimensional nature of externalizing behaviors in adolescence: Evidence from a direct comparison of categorical, dimensional, and hybrid models. *Journal of Abnormal Child Psychology*, *39*(4), 553-561.

Watson, D. (2003). Investigating the construct validity of the dissociative taxon: Stability analyses of normal and pathological dissociation. *Journal of Abnormal Psychology*, *112*(2), 298-305.

Wright, A. G., Krueger, R. F., Hobbs, M. J., Markon, K. E., Eaton, N. R., & Slade, T. (2013). The structure of psychopathology: Toward an expanded quantitative empirical model. *Journal of Abnormal Psychology*, *122*(1), 281-294.

WHO. (2019). *ICD-11 for mortality and morbidity statistics, 2019 version*. Geneva: World Health Organization.

# 第二章
# 绪　论

抑郁、焦虑按程度可划分为：抑郁、焦虑情绪，抑郁、焦虑症状和抑郁、焦虑障碍。抑郁症状是影响我们的生活的主要负性情绪，表现为情绪低落、快感缺失、睡眠障碍、倦怠和能量损失、不专注、自尊心低、自杀倾向等。焦虑症状也是一种精神心理症状，是影响我们的生活的最主要的负性情绪，它与过度和不知缘由的担心、紧张和疲倦紧密相关（Nutt，2005）。焦虑包括广泛焦虑、惊恐障碍、社交焦虑、陌生环境恐怖症、创伤后应激障碍、强迫症等（Nutt，2005），焦虑会导致抑郁。抑郁症状和焦虑症状往往同时出现，成为抑郁-焦虑共病，发病机理不清。有研究表明，多达25%的全科患者共同存在抑郁症和焦虑症，约有85%的抑郁症患者患有严重的焦虑症，而90%的焦虑症患者患有抑郁症（Tiller，2013）。抑郁和焦虑障碍的症状出现大量的重叠，尤其轻度焦虑和轻度抑郁很难分清。1970年，美国耶鲁大学教授Feinstein把这种"同一患者患有某一疾病之外的其他任何已经存在或发生在此疾病过程中的疾病"称为"共病"(comorbidity)。后来这一概念被应用于精神病学领域,用来指多个独立的精神疾病共存于同一个体的现象。

对抑郁和焦虑的神经机制研究发现,单极障碍比多极障碍更容易与焦虑共病,这意味着焦虑和抑郁有着相同的基因源(Nutt,2001),抑郁症通常与焦虑症存在共病关系(Park & Kim,2020)。抑郁-焦虑共病通常被解释为有导致两种精神障碍的共同基因受损。临床样本显示,抑郁和焦虑症患者中有高达75%的共病率(Weersing,2008)。抑郁症和焦虑症是彼此的双向危险因素(Jacobson & Newman,2017)。与单纯的焦虑或抑郁障碍相比,抑郁-焦虑共病具有临床症状更严重、病程慢性化、病程更长、复发率增加、合并物质滥用及躯体疾病的危害性更高的特点(Aina,2006)。同时,抑郁-焦虑共病患者的药物治疗效果差、治疗费用高、社会功能损害严重、致残率及自杀率高、预后差(Rosolov,2009)。因此,基于抑郁-焦虑共病的特点及其密切的关系,把两者联系起来共同研究,并进行共同的治疗和干预比分别对待有更好的效果。青少年抑郁、焦虑常常是首次发生,且在青春期开始增加(Werner-Seidler et al.,2017),成年后会出现恶化倾向,且易复发。因此,非常有必要针对青少年这一特殊的群体进行抑郁-焦虑共病研究,探寻其共病的作用机制,以及与其他高风险因素相互影响的作用机制,这对青少年的抑郁-焦虑共病的早发现早干预有非常积极的作用。

# 1.研究背景

抑郁-焦虑共病是常见的精神心理问题,抑郁-焦虑共病的发病率呈上升趋势。青少年抑郁-焦虑共病会导致更严重的临床症状,存在明显的认知损害、增加了病耻感和绝望感,降低了患者对治疗的依从性,更容易自杀,甚至影响社会安全。抑郁-焦虑共病研究目前国内外尚不多,主要集中在以下四个方面:(1)某种疾病与抑郁-焦虑共病的研究,如功能性消化不良、偏头痛、支气管哮喘与抑郁-焦虑的共病研究(Graham & Smith, 2016; 杨晓苏等, 2010);(2)某类患者的抑郁-焦虑共病状态的分析,如癫痫病患者、冠心病患者、心身性皮肤病患者和高血压患者等与抑郁焦虑的共病研究(Plevin & Smith, 2019; 孟雅丽等, 2020);(3)抑郁-焦虑共病患者的认知功能障碍、心理社会因素、躯体疾病与抑郁-焦虑共病的影响因素分析(刘粹等, 2015);(4)针对抑郁-焦虑共病的治疗(Choi et al., 2020; 马立强, 2020)。针对青少年的抑郁-焦虑共病研究更是寥寥无几,不过还是得出了以下结果:(1)青少年抑郁不同症状之间的权重是不同的,有的症状重,有的则较轻;(2)青少年抑郁-焦虑共病症状的联系是动态变化的,年龄越大症状联系越多;(3)许多与抑郁和焦虑相关的风险因素共同出现时,则应考虑多个变量间的相互影响。

青少年抑郁-焦虑共病受多种因素影响。研究表明,影响抑郁-焦虑共病的高风险因素主要包括社交焦虑、压力(Park & Kim, 2020)、生活创伤(Wang et al., 2020)和虐待(Quenneville et al., 2020)等。社交焦虑会破坏社会和学习功能,通常发生在青少年时期;学习压力带给青少年难以承受的情感负担,严重影响他们的执行效率,使他们难以适应学业环境的需求。目前,青少年承受的学习压力大;长期的虐待行为,使儿童到青少年时期经受的身心创伤累积,成为导致其焦虑、抑郁的高风险因素。因此,社交焦虑、学习压力和虐待经历都是抑郁-焦虑共病的高风险因素,极有必要把它们与青少年抑郁-焦虑共病合并研究,不但可以全面认识抑郁-焦虑共病及其相关风险因素相互作用的机制,也对及时和准确的心理干预有非常重要的指导作用。

## 1.1 社交焦虑

社交焦虑是一种常见且持续存在的负性情绪,社交焦虑患者对社交场景和基于表现的场景有显著、强烈的担心和害怕。躯体症状表现是脸红、颤抖、出汗、语言障碍等。主要类型包括特定的社交焦虑和广泛的社交焦虑,前者指害怕和避免某特定社交场景和交流(如公开发言焦虑),后者指对所有社交场景的焦虑。社交焦虑会破坏社会和学习功能,通常发生在14—16岁的青少年时期(Kessler et al., 2005),青少年的患病率在5%至10%之间(Kessler et al., 2012),这是由于在青春期里社会关系和同伴关系日趋重要,而且他们更容易受到社交尴尬的影响。社交焦虑的发展受到多种因素的影响,包括生物和心理缺陷,基因、性情、认知方式,以及父母或同伴的影响等。因此,需要从多个途径认识社交焦虑。社交焦虑和其他精神心理问题高度共病,包括抑郁、自闭症、威利综合征等。社交焦虑常常最早出现,是其他精神心理问题的主要风险因素。因此,在抑郁-焦虑共病分析中要首先考虑其与社交焦虑的相互影响,早期的精准心理干预是减少共病风险的有效途径。

## 1.2 学习压力

压力是指个体认为某件事超出了自己的能力范围并给自己带来威胁。过度的压力会引起多种生理反应,这些反应在某些情况下可能是有害的。压力是导致抑郁和焦虑发生的主要诱因之一。压力与焦虑呈正相关,焦虑程度高的人表现出的压力感受更大(Wong et al., 2018)。此外,还有研究表明存在抑郁的学生同时也感受到压力(Garabiles et al., 2019)。激烈的学习环境给现在的学生带来了更大的压力,涉及的压力包括人际关系压力、社会排斥压力和学习压力等。对于青少年,学习压力是主要的慢性压力之源。学习压力是指与学习环境、写作测试、执行困难的认知任务或被评估相关的压力(Beggs et al. 2011)。学习压力是一种个体的心理状态,持续的社会和个人压力导致个人储备的枯竭。学习压力带给青少年难以承受的情感负担,严重影响他们的执行效率,使他们难以适应学业环境的需求,导致他们出现选择回避的反应。研究表明学习压力会导致学业表现差、学业失败,以及焦虑和抑郁(Shin,2016)。在我国,由于小升初和初升高的竞争非常激烈,青少年承受的学习压力尤其大,这也是越来越多的青少年出现焦虑和抑郁症状的主要原因之一。因此,在青少年抑郁-焦虑共病研究中学习压力需要被作为主要的风险因素加以考虑,以了解学习压力和抑郁-焦虑共病间的作用机制,探寻如何通过对学习压力的干预来阻断抑郁-焦虑共病的发生。

### 1.3 儿童和青少年虐待

儿童虐待是对18岁以下儿童的虐待和忽视行为。它包括在一种责任、信任或有影响力的亲密关系中的各种身体和(或)情感虐待、性虐待、忽视、疏忽、商业化或其他剥削。虐待的后果很严重,它将造成伴随受虐者一生的身心创伤。2014年美国电话调查表明,有702 000位儿童受到过虐待,实际数字要远高于此(Brodie,2017)。我国的儿童虐待也是一个不可忽视的重要问题。由于受中国传统文化的影响,"黄金棍下出好人"的教育理念被家长作为一种正当的管教方式普遍接受和采用,而大众也认为"这是别人的家事",因此不去干涉。同时,父母因忙于生计,对儿童的忽视、疏忽也被视为理所当然,在中国,留守儿童被忽视、被疏忽问题尤其严重。中国的传统文化和社会结构的现状都使得儿童虐待常常被隐蔽起来,没有得到足够的关注。在长期的虐待和忽视行为下,从儿童时期到青少年时期经受的身心创伤就会累积,成为导致其抑郁-焦虑共病的高风险因素。因此,在青少年抑郁-焦虑共病研究中,虐待经历需要被作为高风险因素加以研究,以探究其相互作用机制,这对青少年抑郁-焦虑共病心理干预有非常重要的指导作用。

## 1.4 网络分析在心理学研究中的运用

网络分析已经被广泛地运用于临床心理、人格心理和社会心理研究领域。网络分析方法把症状间的相互作用理解为一个网络,它能较好地描述不同精神心理障碍的共病状况,通过描述症状即节点的特征来推断节点在网络中的作用,从而更好地识别不同精神心理障碍间的"桥"节点。"桥"节点即桥症状,它显示的是当某种精神心理障碍的某些特定症状激活其他精神障碍症状时发生的共病。2010年Cramer运用高斯图论模型,首次将加权相关网络应用于心理学研究,构建了精神心理障碍网络来分析抑郁障碍和焦虑障碍的共病,揭示了二者在症状上的重叠。近年来,网络分析已被广泛用于探讨精神疾病症状之间的联系,如Wang等(2020)用网络分析途径探讨了精神分裂、认知和情感共鸣之间的相互作用。近五年也出现了探讨抑郁-焦虑共病的网络分析(Beard et al., 2016; McElroy et al., 2018; Park & Kim, 2020),如马竹静等(2021)针对精神科门诊患者抑郁-焦虑症状的网络分析,提出了以"发抖"和"一阵阵恐惧或惊恐"作为抑郁焦虑最中心的节点。此外,也有少量的抑郁、焦虑和其他因素的网络分析,如Barthel等(2020)分析了抑郁-焦虑共病中的元认知和睡眠因素,指出"快感缺失"在抑郁-焦虑共病中是最中心的节点,"元认知"是最强的桥症状。通过网络分析的途径,认识网络中最中心的节点和最强的桥症状,明确干预靶点,将有助于更有效地干预中心症状。总之,网络分析方法是一种新兴的概念化精神障碍的创新方法,为全面认识网络中的共病症状,并提供靶向干预提供了依据。

## 2.研究意义

研究聚焦于青少年抑郁-焦虑及其共病发生率,并对比年龄、性别、家庭教养方式、好朋友数量、学习压力、虐待经历和社交焦虑程度差异下的抑郁、焦虑和抑郁-焦虑共病发生率。旨在找到青少年抑郁-焦虑共病和社交焦虑网络中最核心的症状,并基于社交焦虑提出更精准的心理干预途径。探索学习压力来源与抑郁-焦虑共病之间的联系,并针对此类中心症状对干预治疗提出更有益的观点。探索虐待事件与抑郁和焦虑症状之间的联系,通过针对桥中心性节点进行干预,将有助于减少青少年虐待事件向抑郁和焦虑症状的传播,也能为虐待青少年的父母和监护人在教养上提供指导。探索抑郁和焦虑间的链式多重中介作用,以发现其相互影响的作用机制。这些结果都将为青少年抑郁-焦虑共病的心理干预提供理论和实践支持。

## 3.研究思路和技术路线

本研究分为六个部分,第一部分主要讨论抑郁-焦虑共病的个体特点。第二部分通过网络分析探索青少年抑郁-焦虑共病网络的关系。第三部分通过网络分析途径分析青少年抑郁、焦虑和社交焦虑症状间的相互影响。第四部分基于网络分析探索青少年抑郁、焦虑和学习压力之间的相互作用。第五部分基于网络分析探讨青少年抑郁、焦虑和虐待经历的联系。第六部分主要对比网络分析结果和采用链式多重中介模型探索青少年抑郁-焦虑共病的关系。研究技术路线图参见图2-1。

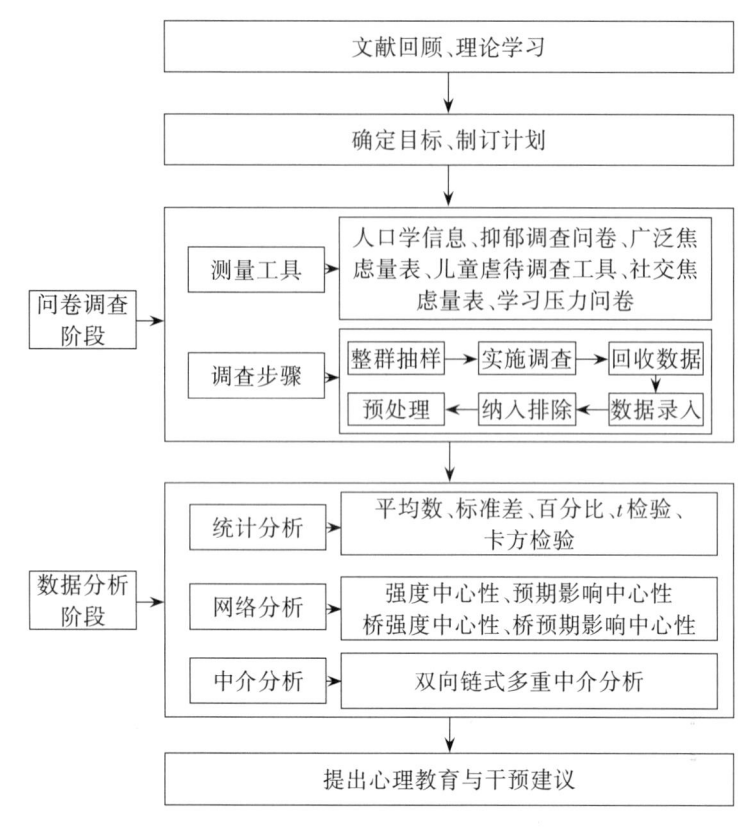

图 2-1 研究技术路线图

## 4. 研究方法

### 4.1 问卷调查法

问卷调查法是一种在调查研究中采用最频繁的方法,也称"书面调查法",或称"填表法",是调查者运用统一设计的问卷,用书面形式向被选取的调查对象了解情况或征询意见的调查方法。根据问卷中问题的表达形式,问卷可以分为封闭式问卷和开放式问卷;根据标准化程度分为标准化问卷和自编问卷;根据问卷发放的形式分为速发问卷和邮寄问卷;按照问卷填答者的不同,可分为自填式问卷调查和代填式问卷调查;等等。问卷一般包括标题、指导语、问题、选择答案和结束语等。问卷调查法的优点是:(1)标准化程度高。包括调查工具的标准化、调查过程的标准化、调查结果的标准化。(2)隐私性强。问卷调查法一般是匿名调查,被调查者能消除顾虑,客观真实地回答问题。(3)效率高。问卷调查能同时对大量的调查对象进行调查,在较短时间内收集大量的信息。

## 4.2 网络分析法

本文主要的研究方法是网络分析法。心理网络分析法是一种对个体心理特质进行描述的方法,它将某一系统的特征和信息以网络的形式表达,通常用于心理病理学研究中。网络通常由精神障碍的症状(节点)和这些症状的连接(边)组成(Jones et al., 2019)。网络理论认为疾病通常是症状之间的相互作用造成的,症状不是精神疾病的反映,而是构成精神疾病的成分(Robinaugh et al., 2016)。缓解疾病的症状对其治疗具有积极的意义,构建疾病网络从而解释哪些症状在网络中最为重要,有助于缓解核心症状(Borsboom & Cramer, 2013)。网络分析的指标包括描述节点特征的指标和描述网络整体特征的指标。描述网络特征的指标包括:中心性(centrality)、可预测性(predictability)和集群性(clustering)。描述网络整体特征的指标包括:连接强度(connectivity)、传递性(transitivity)和小世界指标(small-worldness index)。在本研究中我们通过网络分析途径,分析抑郁-焦虑共病倾向和学习压力、社交焦虑、虐待经历等风险因素相互作用的机制,在复杂的关系中找到哪些症状在网络中最为重要,从而进行精准的治疗和干预,为抑郁-焦虑共病和相关影响因素的作用机制研究提供科学依据。

## 4.3 链式多重中介效应分析

在心理学研究中常常需要探讨各种变量之间的相互影响,尤其是自变量和因变量的相关性。中介效应分析就被广泛运用于心理学(Ghanayem, Srulovici, Zlotnick, 2020)以探讨自变量对因变量的预测作用。中介效应是指某个(某些)变量在另外两个(两组)变量间起着中间的影响作用。中介分析是通过构建中介模型,确定中介变量来检验自变量是否对因变量有影响或可以预测因变量,可以分析自变量对因变量影响的过程和作用机制。简单地说就是,如果自变量 $X$ 通过影响变量 $M$ 而对因变量 $Y$ 产生影响,则称 $M$ 为中介变量。中介变量是联系自变量和因变量之间关系的桥梁。中介模型中仅有一个中介变量的称为简单中介模型,有多个中介变量的称为多重中介模型。多重中介模型又分为并行多重中介模型和链式多重中介模型,前者表示中介变量之间相互独立,后者表示中介变量之间相互影响。本研究中存在多个中介变量——学习压力、社交焦虑和广泛焦虑,且中介变量间存在顺序关系,因此本研究将采用链式多重中介模型分析自变量与因变量之间的预测关系。相比单纯分析自变量和因变量的简单中介模型,链式多重中介模型可以得到总的中介效应,可以研究每个中介变量的特定中介效应,还可以得到对比中介效应,因此分析的结果会更多更深入。

# 参考文献

Aina, Y., & Susman, J. L. (2006). Understanding comorbidity with depression and anxiety disorders. *The Journal of the American Osteopathic Association*, *106* (5 suppl 2): S9-14.

Barthel, A. L., Pinaire, M. A., Curtiss, J. E., Baker, A. W., Brown, M. L., Hoeppner, S. S., & Hofmann, S. G. (2020). Anhedonia is central for the association between quality of life, metacognition, sleep, and affective symptoms in generalized anxiety disorder: A complex network analysis. *Journal of Affective Disorders*, *277*, 1013-1021.

Beard, C., Millner A.J., Forgeard M.J., Fried E.I., Hsu K.J., Treadway M.T., Leonard C.V., Kertz S.J., & Björgvinsson, T. (2016). Network analysis of depression and anxiety symptom relationships in a psychiatric sample. *Psychological medicine*, *46*(16), 3359-3369.

Beggs, C., Shields, D., & Janiszewski G.H. (2011). Using guided reflection to reduce test anxiety in nursing students. *Journal of Holistic Nursing*, *29*, 140-147

Borsboom, D., & Cramer, A. O. J. (2013). Network analysis: An integrative approach to the structure of psychopathology. *Annual Review of Clinical Psychology*, *9*, 91-21.

Brodie N., Maria, D. McColgan, Nancy D. S., Renee, M. Turchi, C. (2017).Child abuse in children and youth with special health care needs. *Pediatrics in Review*, *38*(10), 463-470.

Choi, K.W., Kim, Y.K., & Jeon, H.J. (2020). Comorbid anxiety and depression: Clinical and conceptual consideration and transdiagnostic treatment. *Advances in Experimental Medicine and Biology*, *1191*, 219-235.

Cramer, A. O. J., Waldorp, L. J., van der Maas, H. L. J., & Borsboom, D. (2010). Comorbidity: A network perspective. *Behavioral and Brain Sciences*, *33*(2-3), 137-150.

Garabiles M.R., Lao C.K., Xiong, Y., Diaz-Godiño, B.J.(2019). Exploring comorbidity between anxiety and depression among migrant Filipino domestic workers: A network approach. *Journal of Affective Disorders*, *250*, 85-93.

Ghanayem, M., Srulovici, E., Zlotnick, C. (2020). Occupational strain and job satisfaction: The job demand-resource moderation-mediation model in haemodialysis units. *Journal of Nursing Management*, *28*(3):664–672.

Graham, N., & Smith, D.J.(2016). Comorbidity of depression and anxiety disorders in patients with hypertension. *Journal of Hypertension*, *34*(3):397–8.

Jones, P.J., Mair, R., McNally, R.J.(2019). Bridge centrality: A network approach to understanding comorbidity. *Multivariate Behavioral Research*, *1*(15).

Jacobson, N. C., & Newman, M. G. (2017). Anxiety and depression as bidirectional risk factors for one another: A meta-analysis of longitudinal studies. *Psychological Bulletin*, *143*(11), 1155–1200.

Kessler, R.C., Chiu, W.T., Demler, O., Merikangas, K.R., & Walters, E.E. (2005). Prevalence, severity, and comorbidity of 12-month DSM-IV disorders in the national comorbidity survey replication. *Archives of General Psychiatry*, *62*(6), 617–627.

Kessler, R. C., Berglund, P., Demler, O., Jin, R., Merikangas, K. R., & Walters, E. E. (2005). Lifetime prevalence and age-of-onset distributions of DSM-IV disorders in the national comorbidity survey replication. *Archives of General Psychiatry*, *62*, 593–602.

Kessler, R.C., Avenevoli, S., Costello, E.J., Georgiades, K., Green, J.G., Gruber, M.J., & Merikangas, K.R. (2012). Prevalence, persistence, and sociodemographic correlates of DSM-IV disorders in the national comorbidity survey replication adolescent supplement. *Archives of General Psychiatry*, *69*(4), 372–380.

McElroy, E., Fearon, P., Belsky, J., Fonagy, P., & Patalay, P. (2018). Networks of depression and anxiety symptoms across development. *Journal of the American Academy of Child & Adolescent Psychiatry*, *57*(12), 964–973.

Nutt, D.J. (2005). Overview of diagnosis and drug treatments of anxiety disorders. *CNS Spectrums*, *10*, 49–56.

Nutt, D. J., & Malizia, A. (2001). New insights into the role of the GABAA-benzodiazepine receptor in psychiatric disorder.*The British Journal of Psychiatry*, *179*(5), 390–396.

Park, S.C., & Kim, D. (2020). The centrality of depression and anxiety symptoms in major depressive disorder determined using a network analysis. *Journal of Affective Disorders*, *271*, 19–26.

Plevin, D. & Smith, N. (2019). Assessment and management of depression and anxiety in children and adolescents with epilepsy. *Behavioral Neurology*, 1–4.

Quenneville, A. F., Kalogeropoulou, E., Küng, A. L., Hasler, R., Nicastro, R., Prada, P., & Perroud, N. (2020). Childhood maltreatment, anxiety disorders and outcome in borderline personality disorder. *Psychiatry Research*, *284*, 112688.

Robinaugh, D.J., Millner, A.J., & McNally, R.J. (2016).Identifying highly influential nodes in the complicated grief network. *Journal of Abnormal Psychology*, *125*(6), 747–757.

Rosolov, H., & Podlipn, J. (2009). Anxious-depressive disorders and metabolic syndrome. *Vnitr Lek*, *55*(7–8), 650–652.

Shin, S.H. (2016). The Effect of academic stress and the moderating effects of academic resilience on nursing students' depression. *Journal of Korean Academic Society of Nursing Education*, *22*, 14–24.

Tiller, J.W. (2013). Depression and anxiety. *The Medical Journal of Australia*, *199*(S6), S28–31.

Weersing, V.R., Gonzalez, A., Campo, J.V., Lucas, A.N. (2008). Brief behavioral therapy for pediatric anxiety and depression: Piloting an integrated treatment approach. *Cognitive and Behavioral Practice*, *5*(2), 126–139.

Werner-Seidler, A., Perry, Y., Calear, A. L., Newby, J. M., & Christensen, H. (2017). School-based depression and anxiety prevention programs for young people: A systematic review and meta-analysis. *Clinical Psychology Review*, *51*, 30-47.

Wong, M.L., Anderson, J., Knorr, T., Joseph, J.W., & Sanchez, L.D. (2018). Grit, anxiety, and stress in emergency physicians. *The American Journal of Emergency Medicine*, *36*(6): 1036-1039.

Wang, C., Pan, R., Wan, X., Tan, Y., Xu, L., Ho, C.S., & Ho, R.C. (2020). Immediate psychological responses and associated factors during the initial stage of the 2019 coronavirus disease (COVID-19) epidemic among the general population in China. *International Journal of Environmental Research and Public Health*, *17*(5).

Wang, Y., Shi, H.S., Liud, W.H., Zheng, H., Wong, K.K.Y., Cheungg, E.F.C., & Chan, R.C.K. (2020). Applying network analysis to investigate the links between dimensional schizotypy and cognitive and affective empathy. *Journal of Affective Disorders*, *277*, 313-321.

刘粹,于雅琴,康岚,吴言华,等.(2015).北京市和吉林省高血压共病抑郁及焦虑障碍患病率和心理社会因素分析,中华精神科杂志,(02),86-91.

马立强.(2020).米氮平联合重复高频经颅磁刺激治疗抑郁焦虑共病患者的临床疗效观察,中国实用医药,(04),126-128.

马竹静,任垒,金银川,郭力,张钦涛,苑会羚,杨群.(2021).精神科门诊患者抑郁和焦虑症状的关系:基于网络分析的方法.国际精神病学杂志,48(01),45-58.

孟雅丽,陈士芳,张真真,付翠翠,范宏宏,杨喜山.(2020)冠心病住院患者共病焦虑抑郁的影响因素分析,国际精神病学杂志,45(06),1201-1203.

杨晓苏,龙莉莉,王红星.(2010).偏头痛与抑郁共病,中华全科医师杂志,(12),819-821.

# 第三章
# 青少年抑郁-焦虑共病及其风险因素的作用机制研究

## 研究一　青少年抑郁-焦虑共病个体特点分析

抑郁和焦虑通常共同发生,两者是共病。研究表明,抑郁-焦虑的共病率为65%,青少年抑郁-焦虑共病随着年龄增长而变化,随年龄增长,抑郁和焦虑症状的连通性也同时增加(Groen et al., 2020)。而青少年的抑郁-焦虑共病的预后比单独任何一种情况都要差,复发风险更高,持续时间更长,对治疗的反应较差以及对精神卫生服务的使用程度更高(McElroy et al., 2018)。这些证据都表明青少年的抑郁-焦虑共病应该得到重视,因为比起儿童,青少年发生率更高,相比成人而言,青少年共病通常是首发。青少年抑郁-焦虑共病受到家庭、社会因素的影响。然而目前很少有研究从共病个体社会心理特点的角度来分析抑郁-焦虑共病。因此,本研究拟通过分析抑郁-焦虑共病个体的年龄、性别、家庭教养方式、好朋友数量、学习压力、虐待经历和社交焦虑程度的差异,从而更好地理解青少年抑郁-焦虑共病个体的社会心理特点。

# 1. 研究对象与方法

## 1.1 研究对象

本研究整群抽取重庆市32所中小学校为调查对象,调查了小学三年级至高中三年级的18133名中小学生。该研究剔除了年龄小于11岁和大于17岁的数据,以及多选、漏选和各问卷完成率低于50%的数据等,剔除数据的情况请见图3-1,最终剩余12672份有效问卷,其中男生6243名,女生6429名。

## 1.2 抑郁-焦虑共病的研究对象

本研究中抑郁-焦虑共病标准为同时出现轻度及以上程度抑郁和轻度及以上程度焦虑的样本数据。样本中有4411名同时存在轻度及以上程度的抑郁-焦虑共病的中小学生,其中男生1760名,女生2651名;年龄11岁的有434名,12岁的有547名,13岁的有696名,14岁的有772名,15岁的有895名,16岁的有634名,17岁的有433名。

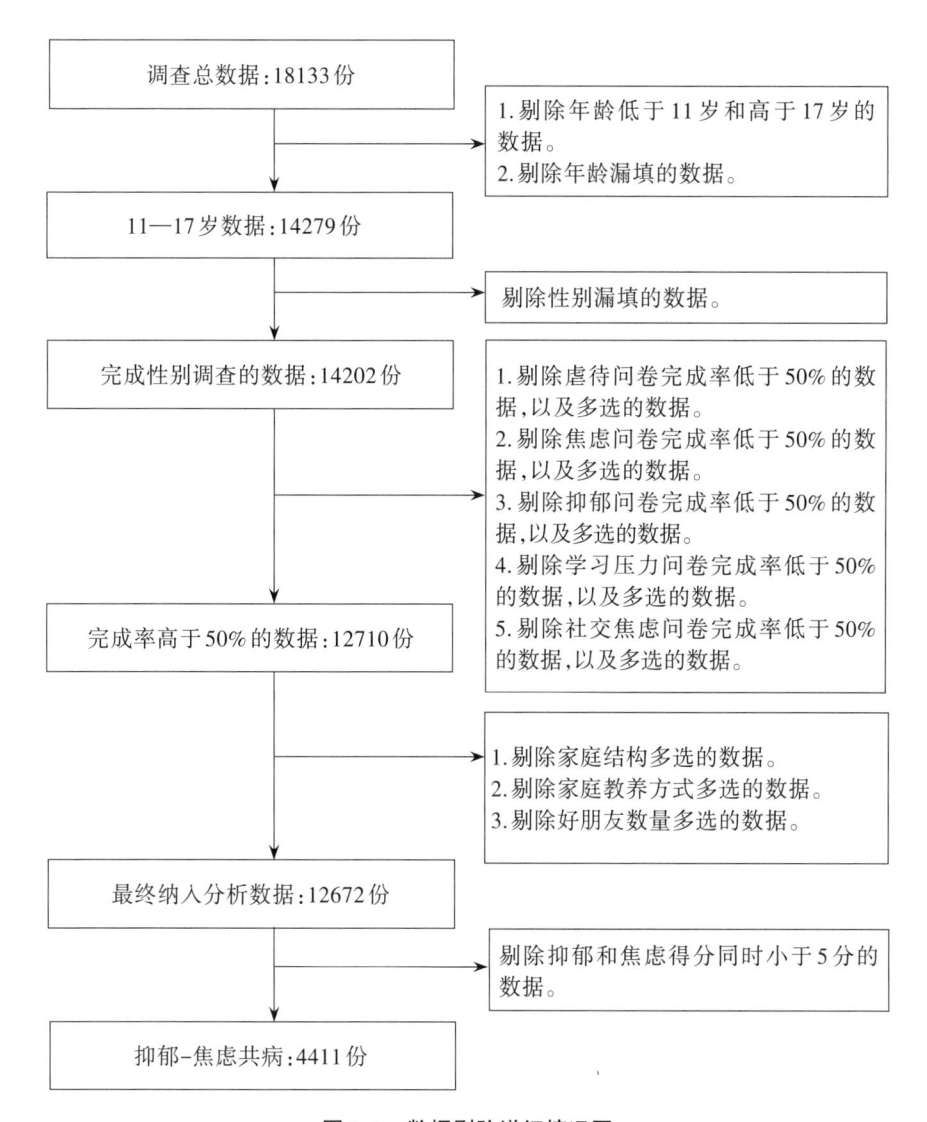

```
调查总数据:18133份
        │
        │──→ 1.剔除年龄低于11岁和高于17岁的数据。
        │    2.剔除年龄漏填的数据。
        ↓
11—17岁数据:14279份
        │
        │──→ 剔除性别漏填的数据。
        ↓
完成性别调查的数据:14202份
        │
        │──→ 1.剔除虐待问卷完成率低于50%的数据,以及多选的数据。
        │    2.剔除焦虑问卷完成率低于50%的数据,以及多选的数据。
        │    3.剔除抑郁问卷完成率低于50%的数据,以及多选的数据。
        │    4.剔除学习压力问卷完成率低于50%的数据,以及多选的数据。
        │    5.剔除社交焦虑问卷完成率低于50%的数据,以及多选的数据。
        ↓
完成率高于50%的数据:12710份
        │
        │──→ 1.剔除家庭结构多选的数据。
        │    2.剔除家庭教养方式多选的数据。
        │    3.剔除好朋友数量多选的数据。
        ↓
最终纳入分析数据:12672份
        │
        │──→ 剔除抑郁和焦虑得分同时小于5分的数据。
        ↓
抑郁-焦虑共病:4411份
```

图 3-1　数据剔除详细情况图

## 1.3　测量工具

### 1.3.1　抑郁调查问卷(PHQ-9)

使用 DSM-5 中的病人健康问卷调查了参与者在过去两周内的抑郁症状和程度。该问卷共有 9 个条目,采用李克特 4 点计分法,得分从 0 分(完全没有)到3分(几乎每天)。总得分范围为0—27分,根据前人研究建议临界值为:0—4分为无抑郁症状,5—9分为轻度抑郁症状,10—14分为中度抑郁症状,15—19分为中重度抑郁症状,20分及以上为重度抑郁症状。该问卷在当前的研究中具有较高的信度,克龙巴赫α系数为0.89。

### 1.3.2 广泛焦虑量表

使用DSM-5中的广泛焦虑量表调查了参与者过去两周内的广泛焦虑水平。该量表共包含10个条目,采用李克特5点计分法,得分从0分(从不)到4分(总是)。总得分范围从0分到40分,得分越高表示焦虑程度越高或感受到焦虑的症状越多。在本研究中使用与PHQ-9相同的症状划分标准。该量表在当前的研究中具有较高的信度,克龙巴赫α系数为0.90。

### 1.3.3 儿童虐待调查工具

使用ICAST-C家庭版测量了青少年在过去1年中的虐待经历。该调查工具包含36个条目,涉及暴力暴露(7个条目)、情感虐待(8个条目)、忽视(6个条目)、身体虐待(9个条目)和性虐待(6个条目)5个维度。由于性虐待在当前的研究中未能通过伦理审核,因此在调查时排除了该维度。最终的调查包含剩余的30个条目。参与者被要求根据自己过去一年的经历对每个条目进行0—6点的评分(0表示从未发生过、1表示发生过但过去一年内没有、2表示1—2次、3表示3—5次、4表示6—12次、5表示13—50次、6表示50次以上)。总得分范围从0到180分,得分越高意味着受虐待的频率越高或者受虐待的类型越多。在当前的研究中克龙巴赫α系数为0.865。

### 1.3.4 社交焦虑量表

使用DSM-5中的社交焦虑量表调查参与者过去两周内的社交情境可能产生的感受和行为。该量表共包含10个条目,量表采用李克特5点计分法,得分从0分(从不)到4分(总是),总得分范围从0分到40分,得分越高表示社交焦虑程度越高或感受到社交焦虑的症状越多。在本研究中使用与PHQ-9

相同的症状划分标准。该量表在当前的研究中具有较高的信度,克龙巴赫$\alpha$系数为0.92。

### 1.3.5 学习压力问卷

使用中学生学习压力问卷(徐嘉骏,曹静芳,崔立中,& 朱鹏,2010),调查了参与者在学习生活中的场景体验。问卷共包含21个条目,分别测量了来自父母的压力、自我压力、教师压力和社交的压力,量表采用李克特5点计分法,得分从1分(很不符合)到5分(完全符合)。得分越高表示感受到的学习压力也越大。在本部分,将学习压力得分高的50%划分为高学习压力组,学习压力低的50%划分为低学习压力组。该量表在当前的研究中具有较高的信度,克龙巴赫$\alpha$系数为0.87。

## 1.4 质量控制

调查从2019年10月持续至2020年1月,采用纸笔形式进行。首先由2名心理学专业的研究生对每个班级的班主任进行培训,培训内容为理解调查内容和调查步骤,并要求采用一致的填写说明和指导语。参与调查的学生被告知调查结果没有对错,根据自己实际情况填写即可,并承诺对他们填写的信息进行保密,且调查过程中可以选择退出,而不会受到任何惩罚。

## 1.5 数据统计学分析

首先使用EXCEL软件进行数据检查。然后对缺失值使用R语言进行卡方检验,以及使用MICE软件包进行插值处理。最后使用SPSS 25.0统计软件进行一般统计学处理,包括描述性分析和独立样本$t$检验。

## 2. 结　果

### 2.1 青少年抑郁、焦虑及其共病的发生率

纳入分析的12672名青少年中，出现抑郁症状的人数为5543名，占总人数的43.74%。出现焦虑症状的人数为5862名，占总人数的46.26%。同时出现抑郁-焦虑症状的人数为4411名，占总人数的34.81%。其中轻度抑郁人数为3351名（占总人数的26.44%），中度抑郁人数为1283名（占总人数的10.12%），中重度抑郁人数为583名（占总人数的4.60%），重度抑郁人数为326名（占总人数的2.57%）。轻度焦虑人数为2997名（占总人数的23.65%），中度焦虑人数有1489名（占总人数的11.75%），中重度焦虑人数有694名（占总人数的5.48%），重度焦虑人数有682名（占总人数的5.38%）。抑郁、焦虑和抑郁-焦虑共病的发生率存在显著差异（$c2=377.72, p<0.001$），请见图3-2。

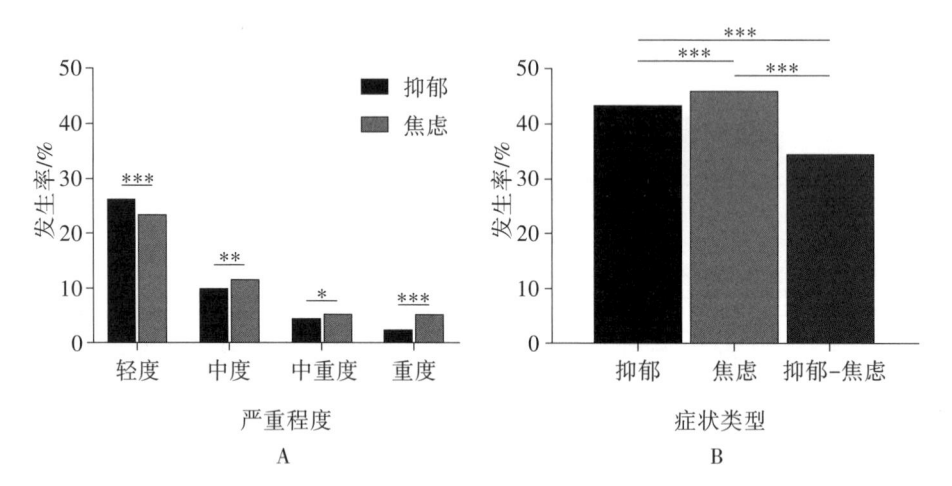

图3-2 其中图A展示了不同程度抑郁、焦虑发生率；图B展示了抑郁、焦虑及其共病发生率

注：*表示$p<0.05$；**表示$p<0.01$；***表示$p<0.001$。

## 2.2 对青少年抑郁、焦虑及其共病特点的分析

### 2.2.1 对不同性别青少年的抑郁、焦虑及其共病的分析

在所有被调查的青少年中,男性有2343名存在抑郁症状,占男性的37.53%;女性有3200名存在抑郁症状,占女性的49.77%。男性有2473名存在焦虑症状,占男性的39.61%;女性有3389名存在焦虑症状,占女性的52.71%。在4411名抑郁-焦虑共病青少年中男性抑郁-焦虑共病者有1760名,占总男性人数的28.19%;女性抑郁-焦虑共病患者2651名,占总女性人数的41.24%。使用独立样本$t$检验对比男性和女性抑郁总得分的结果显示,男性与女性抑郁水平差异显著($t$=16.18,$p$<0.001),女性抑郁水平($M$=5.94,$SD$=5.67)显著高于男性抑郁水平($M$=4.43,$SD$=4.83)。焦虑水平的独立样本$t$检验结果显示男性与女性焦虑水平差异显著($t$=16.90,$p$<0.001),女性焦虑水平($M$=7.04,$SD$=7.27)显著高于男性焦虑水平($M$=5.04,$SD$=6.01)。使用卡方检验对比了男性和女性抑郁-焦虑共病的患病率,结果显示女性抑郁-焦虑共病人数显著高于男性抑郁-焦虑共病人数($\chi^2$=237.46,$p$<0.001),请参见表3-1。

表3-1 不同性别青少年抑郁、焦虑及其共病构成比较($N$=12672)

|  | 男 | 女 | 合计 | $p$ |
| --- | --- | --- | --- | --- |
| 抑郁得分 | 4.43±4.83 | 5.94±5.67 | 6.05±6.75 | $t$=16.18*** |
| 焦虑得分 | 5.04±6.01 | 7.04±7.27 | 5.20±5.32 | $t$=16.90*** |
| 抑郁人数 | 2343(37.53%) | 3200(49.77%) | 5543(43.74%) | $\chi^2$=192.97*** |
| 焦虑人数 | 2473(39.61%) | 3389(52.71%) | 5862(40.26%) | $\chi^2$=218.70*** |
| 抑郁-焦虑共病 | 1760(28.19%) | 2651(41.24%) | 4411(34.81%) | $\chi^2$=237.46*** |

注:***表示$p$<0.001

### 2.2.2 对不同年龄青少年的抑郁、焦虑及其共病的分析

在所有被调查的青少年中,11岁的抑郁者有568人,占同龄人的29.13%;12岁的抑郁者有751人,占同龄人的33.66%;13岁的抑郁者有912人,占同龄

人的42.74%;14岁的抑郁者有954人,占同龄人的47.84%;15岁的抑郁者有1083人,占同龄人的55.68%;16岁的抑郁者有745人,占同龄人的52.24%;17岁的抑郁者有530人,占同龄人的53.43%。11岁的焦虑者有622人,占同龄人的31.90%;12岁的焦虑者有790人,占同龄人的37.02%;13岁的焦虑者有932人,占同龄人的43.67%;14岁的焦虑者有1002人,占同龄人的50.25%;15岁的焦虑者有1109人,占同龄人的57.02%;16岁的焦虑者有934人,占同龄人的58.49%;17岁的焦虑者有573人,占同龄人的57.76%。

在4411名患有抑郁-焦虑共病的青少年中11岁的共病者有434人,占同龄人的22.26%;12岁的共病者有547人,占同龄人的24.52%;13岁的共病者有696人,占同龄人的32.61%;14岁的共病者有772人,占同龄人的38.72%;15岁的共病者有895人,占同龄人的46.02%;16岁的共病者有634人,占同龄人的44.46%;17岁的共病者有433人,占同龄人的43.65%。不同年龄抑郁、焦虑及其共病发生率见图3-3。

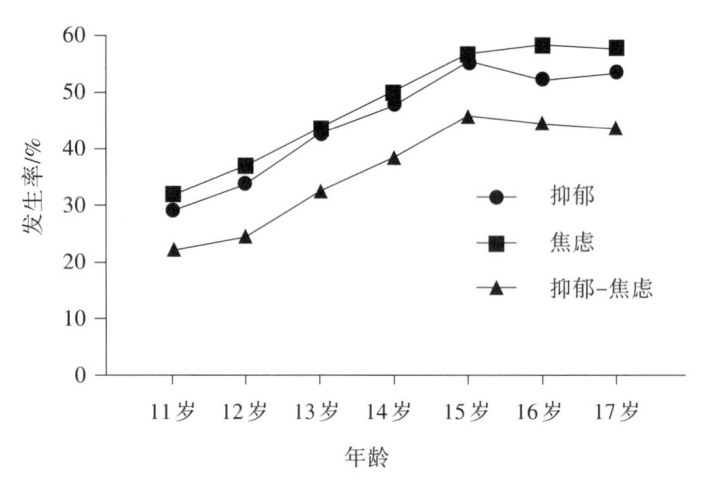

图3-3　不同年龄青少年抑郁、焦虑及其共病发生率

### 2.2.3　对不同家庭教养方式的青少年的抑郁、焦虑及其共病的分析

在所有调查的青少年中,强制型家庭教养方式的抑郁者有1005名,占强制型家庭教养方式总人数的56.73%;放任型家庭教养方式的抑郁者有822名,占放任型家庭教养方式总人数的53.45%;溺爱型家庭教养方式的抑郁者

有200名,占溺爱型家庭教养方式总人数的46.62%;民主型家庭教养方式的抑郁者有3459名,占民主型家庭教养方式总人数的39.25%;未报告家庭教养方式的抑郁者有57名。强制型家庭教养方式的焦虑者有970名,占强制型家庭教养方式总人数的54.46%;放任型家庭教养方式的焦虑者有821名,占放任型家庭教养方式的总人数的53.38%;溺爱型家庭教养方式的焦虑者有191名,占溺爱型家庭教养方式的总人数的44.52%;民主型家庭教养方式的焦虑者有3814名,占民主型家庭教养方式的总人数的43.28%;未报告家庭教养方式的焦虑者有66人。

在抑郁-焦虑共病的青少年中,强制型家庭教养方式的抑郁-焦虑共病者有826名,占强制型家庭教养方式的总人数的46.37%;放任型家庭教养方式的抑郁-焦虑共病者有664名,占放任型家庭教养方式的43.17%;溺爱型家庭教养方式的抑郁-焦虑共病者有146名,占溺爱型家庭教养方式的总人数的34.03%;民主型家庭教养方式的抑郁-焦虑共病者有2721名,占民主型家庭教养方式的总人数的30.88%,未报告家庭教养方式的抑郁-焦虑共病者有54名。卡方检验分析结果表明不同教养方式的青少年在抑郁发生率中存在显著差异($c^2=249$,$p<0.001$);在焦虑发生率中也存在显著差异($c^2=111.52$,$p<0.001$);在抑郁-焦虑共病发生率中存在显著差异($c^2=212.84$,$p<0.001$)。不同家庭教养方式的抑郁、焦虑及其共病发生率见图3-4。

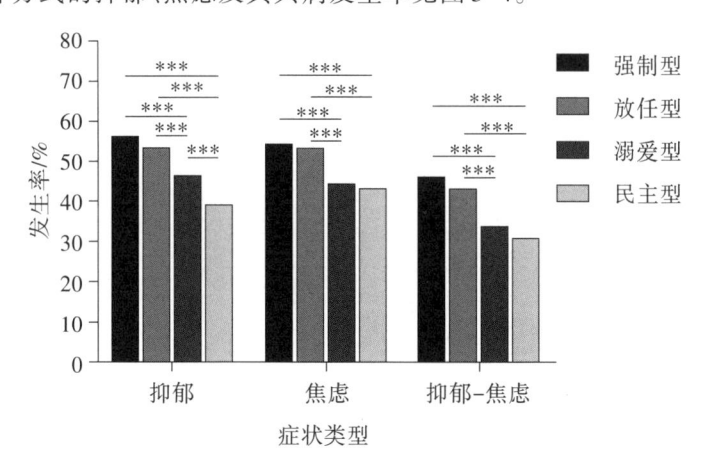

图3-4 不同家庭教养方式的青少年抑郁、焦虑及其共病发生率

注:\*\*\*表示$p<0.001$。

### 2.2.4 对不同好朋友数量的青少年的抑郁、焦虑及其共病的分析

在所有调查的青少年中，三个好朋友以上的抑郁者4198名，占三个好朋友以上总人数的40.03%；一到两个好朋友的抑郁者1114名，占一到两个好朋友总人数的60.25%；没有好朋友的抑郁者189名，占没有好朋友总人数的70.52%；未报告好朋友数量的抑郁者42名。三个好朋友以上的焦虑者4515名，占三个好朋友总人数的43.06%；一到两个好朋友的焦虑者1131名，占一到两个好朋友总人数的61.17%；没有好朋友的焦虑者174名，占没有好朋友总人数的64.93%；未报告好朋友数量的焦虑者42名。

在抑郁-焦虑共病的青少年中三个好朋友以上的抑郁-焦虑共病者3265名，占三个好朋友以上总人数的31.14%；一到两个好朋友的抑郁-焦虑共病者949名，占一到两个好朋友总人数的51.33%；没有好朋友的抑郁-焦虑共病者159名，占没有好朋友总人数的59.33%；未报告好朋友数量者38名。卡方检验分析结果表明不同好朋友数量的青少年在抑郁发病率上存在显著差异（$c2=341.53, p<0.001$）；在焦虑发病率上存在显著差异（$c2=246.15, p<0.001$）；在抑郁-焦虑共病发生率上存在显著差异（$c2=356.06, p<0.001$）。不同好朋友数量的青少年抑郁、焦虑及其共病发生率见图3-5。

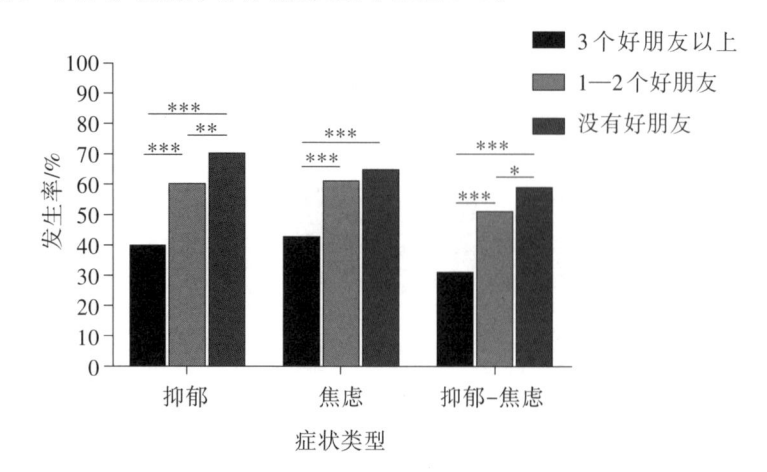

图3-5 不同好朋友数量的青少年抑郁、焦虑及其共病发生率

注：*表示$p<0.05$；**表示$p<0.01$；***表示$p<0.001$。

## 2.2.5 对高低学习压力的青少年的抑郁、焦虑及其共病的分析

高学习压力组抑郁者 3892 名,占高学习压力总人数的 61.44%;低学习压力组抑郁者 1651 名,占低学习压力总人数的 26.06%。高学习压力组焦虑者 3960 名,占高学习压力总人数的 62.50%;低学习压力组焦虑者 1902 名,占低学习压力总人数的 30.02%。高学习压力组抑郁-焦虑共病者为 3262 名,占高学习压力总人数的 51.48%;低学习压力组抑郁-焦虑共病者 1149 名,占低学习压力总人数的 18.13%。卡方检验分析结果表明高低学习压力青少年在抑郁发生率上存在显著差异($c^2$=1609,$p$<0.001);在焦虑发生率上存在显著差异($c^2$=993.9,$p$<0.001);在抑郁-焦虑共病发生率上存在显著差异($c^2$=1151.2,$p$<0.001)。高低学习压力组抑郁、焦虑及其共病发生率见图 3-6。

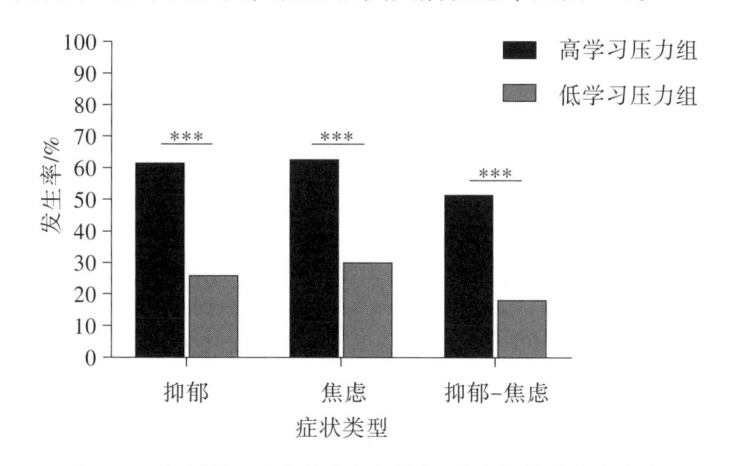

图 3-6 高低学习压力的青少年抑郁、焦虑及其共病发生率

注:\*\*\*表示 $p$<0.001。

## 2.2.6 对虐待与无虐待经历的青少年抑郁、焦虑及其共病的分析

虐待经历组青少年抑郁者 5291 名,占虐待经历组总人数的 48.64%;无虐待经历组抑郁者 252 名,占无虐待经历组总人数的 14.05%。虐待经历组焦虑者 5614 名,占虐待经历组总人数的 51.61%;无虐待经历组焦虑者 248 名,占无虐待经历组总人数的 13.82%。虐待经历组抑郁-焦虑共病者 4265 名,占虐待经历组总人数的 39.21%;无虐待经历组抑郁-焦虑共病者 146 名,占无虐待经

历组总人数的8.14%。卡方检验分析结果表明有无虐待经历的青少年在抑郁发生率上存在显著差异($c^2$=747.47,$p<0.001$),在焦虑发生率上存在显著差异($c^2$=882.9,$p<0.001$),在抑郁-焦虑共病发生率上存在显著差异($c^2$=653.74,$p<0.001$)。虐待与无虐待经历组抑郁、焦虑及其共病率见图3-7。

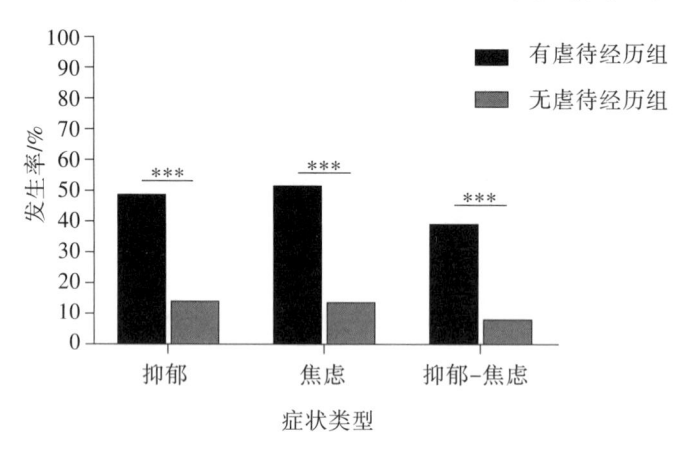

图3-7 有无虐待经历的青少年抑郁、焦虑及其共病发生率

注:***表示$p<0.001$。

## 2.2.7 对不同社交焦虑程度的青少年抑郁、焦虑及其共病的分析

无社交焦虑组的抑郁者1686名,占无社交焦虑组总人数的22.44%;轻度社交焦虑组的抑郁者1599名,占轻度社交焦虑组总人数的62.66%;中度社交焦虑组的抑郁者1034名,占中度社交焦虑组总人数的82.39%;中重度社交焦虑组的抑郁者497名,占中重度社交焦虑组总人数的88.59%;重度社交焦虑组的抑郁者727名,占重度社交焦虑组总人数的91.79%。无社交焦虑组的广泛焦虑者1748名,占无社交焦虑组总人数的23.27%;轻度社交焦虑组的广泛焦虑者1783名,占轻度社交焦虑组总人数的69.87%;中度社交焦虑组的广泛焦虑者1074名,占中度社交焦虑组的总人数的85.58%;中重度社交焦虑组的广泛焦虑者510名,占中重度社交焦虑组总人数的90.91%;重度社交焦虑组的广泛焦虑者747名,占重度社交焦虑组总人数的94.32%。无社交焦虑组的抑郁-广泛焦虑共病者959名,占无社交焦虑组总人数的12.77%;轻度社交焦

虑组的抑郁-广泛焦虑共病者1307名,占轻度社交焦虑组总人数的51.21%;中度社交焦虑组的抑郁-广泛焦虑共病者961名,占中度社交焦虑组总人数的76.57%;中重度社交焦虑组的抑郁-广泛焦虑共病者478名,占中重度社交焦虑组总人数的85.20%;重度社交焦虑组的抑郁-广泛焦虑共病者706名,占重度社交焦虑组总人数的89.14%。卡方检验分析结果表明不同社交焦虑程度的青少年在抑郁发生率上存在显著差异($c2=3719.1, p<0.001$),在焦虑发生率上存在显著差异($c2=3466.7, p<0.001$),在抑郁-焦虑共病发生率上存在显著差异($c2=4534, p<0.001$)。不同社交焦虑程度的青少年抑郁、焦虑及其共病发生率见图3-8。

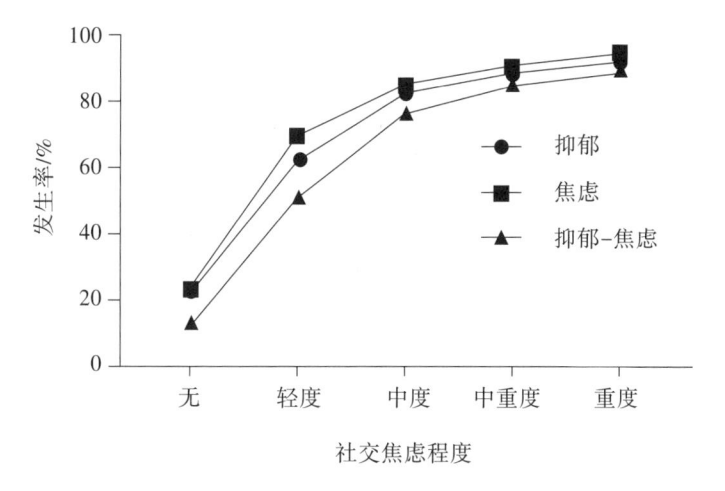

图3-8 不同社交焦虑程度的青少年抑郁、焦虑及其共病发生率

注:*表示$p<0.05$;***表示$p<0.001$。

## 3.讨 论

本次调查发现青少年抑郁发生率为43.74%,其中轻度抑郁者占60.45%,中度抑郁者占23.15%,中重度抑郁者占10.52%,重度抑郁者占5.88%。可以看出,青少年抑郁发生率较高,高于大学生抑郁检出率24.71%(徐嘉骏等,

2010）。本研究的青少年抑郁发生率也高过其他研究中的青少年抑郁发生率26.3%（王蜜源等，2020）和26.86%（Li et al.，2019）。一方面可能是调查工具和评价标准导致的差异，另一方面可能是青少年的生理特点导致情绪不稳定。总体来说，本研究抑郁青少年中超过一半为轻度抑郁，重度抑郁仅为5.88%，低于大学生重度抑郁的患病率6.9%（李娟娟等，2021）和成人重度抑郁的患病率10.4%（Ebert et al.，2019）。因此，针对青少年抑郁的预防和治疗，应更注重轻中度抑郁者和阈下抑郁的预防，这是青少年抑郁发生最多的群体。

从焦虑的调查结果来看，本研究中青少年焦虑发生率46.26%，其中，轻度焦虑发生率为51.13%，中度焦虑发生率为25.40%，中重度焦虑发生率为11.84%，重度焦虑发生率为11.63%。与抑郁类似，本研究中，青少年的焦虑发生率较高，高于上海地区青少年的焦虑患病率27.3%（Hasin et al.，2018）和其他公众的焦虑发生率31.9%（姚瑶，曹伟艺，2021）。本研究使用了10个条目的焦虑量表，并采用了更为宽泛的评价标准，可能导致更多阈下焦虑的青少年被纳入轻度焦虑程度中。这也许是导致本研究焦虑发生率高于抑郁发生率的原因之一。尽管如此，较高的焦虑发生率，仍可让青少年焦虑的预防和治疗作为青少年心理干预的基本目标。

从抑郁-焦虑共病结果发现，抑郁-焦虑的共病率为34.81%，与先前研究调查的中国青少年抑郁-焦虑的共病率31.3%相当（Ran et al.，2020），略高于另一研究25.82%的共病率（Zhou et al.，2020）。虽然这些研究中的共病率有差异，但都存在较高的共病率。这意味着，抑郁、焦虑通常同时出现，结果支持抑郁、焦虑是共病的观点，在不同群体中都表现出相同的共病（Garabiles et al.，2019）。

从性别的角度来看抑郁、焦虑及其共病发生率。结果发现，仅在抑郁发生率上，女性抑郁发生率显著高于男性，与先前的研究结果一致（Andrade et al.，2003；Labaka et al.，2018）。这可能是多种原因引起的，例如性别的收入差距（Kuehner，2017），或性别的遗传差异（Mikolajczyk et al.，2008），以及激素水平的差异（Zhao et al.，2020）。此外还发现女性焦虑发生率同样显著高于男性，且焦虑得分更高。也许是由于男性和女性在焦虑过程中的认知环路不同，女性在经历主观焦虑时更多使用内侧前额顶皮层，而男性则更少使用该环路（Copeland et al.，2019）。同样，在抑郁-焦虑共病率上，女性共病率仍高于男性。因此，对青少年心理健康的预防，应该更多地注意性别差异，尤其是应针对女性提出相应的预防方案。

从年龄的角度来看，从11岁开始，已经有29.13%的青少年存在抑郁症状，直到15岁，抑郁发生率都在持续增加。结果支持抑郁在青春期达到顶峰，然后下降，并在成年期逐渐稳定（Seo et al.，2017）。这可能是青春期的过渡特点导致的，如人际关系不稳定或冲突的发生，以及青春期身体变化的影响（McGuire et al.，2019; Salk et al.，2017）。同时还发现焦虑发生率有相同的趋势，从11岁开始增加直到16岁后开始稳定。类似的结果还出现在抑郁-焦虑的共病发生率上，这也许是抑郁、焦虑高度共病的原因（Pfeifer & Allen，2021）。总之，本研究发现青少年存在较高的抑郁、焦虑和共病风险，而早期的精神障碍发作预示着成年后更容易复发（Garber et al.，2016）。因此，针对青少年的心理问题的筛查和预防显得尤为重要。

本研究还发现不同家庭教养方式的抑郁、焦虑及其共病的发生率有所不同，强制型教养方式的青少年报告了更多的抑郁、焦虑及其共病。民主型教养方式报告的抑郁、焦虑及其共病的青少年最少。这些结果表明，家长应该慎重选择强制型（权威型）的教养方式，这可能会加剧青少年的逆反心理，从而引发心理问题。此外，对比不同教养方式的抑郁、焦虑及其共病的发生率的结果显示，不同家庭教养方式的抑郁-焦虑共病率存在显著差异。放任型的抑郁-焦虑共病发生率高于溺爱型和民主型。这与先前的研究结果一致，表明缺少父母照顾或关心与抑郁-焦虑共病发生率有关（Haraden et al.，2017）。因此，有必要探索民主型教养方式在青少年中的实际意义。

不同的人际关系,同样表现出不同的抑郁、焦虑发生率。本研究发现朋友数量越多,抑郁和焦虑发生率就越低。相比没有好朋友和好朋友数量为1—2个的青少年抑郁和焦虑发生率都高于3个好朋友的青少年。这可能是由于没有好朋友导致无处宣泄情绪(Fentz et al., 2011)。好朋友数量对抑郁-焦虑的共病发生率有相同的作用,3个好朋友以上的青少年报告了最少的抑郁、焦虑及其共病的发生率。因此,更多的好朋友数量可能是预防抑郁-焦虑共病的途径之一。

青少年学习压力通常与抑郁和焦虑存在关联(Belmans et al., 2019;陈冠全 & 兰勇龙, 2020)。本研究结果显示高学习压力组抑郁、焦虑及其共病发生率均高于低学习压力组。这些结果可能是双向的,例如,高的学业要求、学习困难和同学间的竞争导致了更多的心理健康问题(González-Valero et al., 2019;凌宇等, 2021),而更高的焦虑者则更容易导致学习困难(Saxena et al., 2013)。这意味着学习压力通常与抑郁、焦虑相互影响,因此,对于在校青少年的抑郁、焦虑预防,或许可以从降低学习压力着手。

此外,从是否存在虐待经历的角度,发现存在虐待经历组的抑郁、焦虑及其共病发生率显著高于无虐待经历组。虐待作为应激源容易导致创伤后应激障碍,从而形成抑郁、焦虑等心理健康问题。研究发现,遭受身体虐待和性虐待的个体,更容易患抑郁、焦虑和创伤后应激障碍(Lamba et al., 2020)。在中国传统教育中,信奉"黄金棍下出好人"的教育理念,也许是在本研究中发现终身虐待患病率极高的主要原因。因此,防止虐待可能是降低青少年抑郁、焦虑及其共病发生率的途径之一。

最后,本研究还对比了不同社交焦虑程度与青少年抑郁、焦虑及其共病的特点。结果发现,随着社交焦虑程度增加,抑郁、焦虑及其共病率也随之上升。与先前研究结果一致,表明社交焦虑与抑郁和广泛焦虑存在共病(Adams et al., 2018;Kraines et al., 2019;Leichsenring & Leweke, 2017)。这些结果表明,社交焦虑同样可能是影响抑郁-焦虑共病发生率的原因之一。

## 4. 小　结

总的来说,本研究调查了青少年抑郁、焦虑及其共病特点,以及相关的影响因素。发现青少年抑郁、焦虑和共病发生率较高。同时对比了年龄、性别、家庭教养方式、好朋友数量、学习压力、虐待经历和社交焦虑程度的差异,结果表明抑郁、焦虑及其共病发生率在这些因素上都存在显著差异。因此未来的研究应进一步了解这些差异的原因和机制,从而为青少年的抑郁、焦虑和共病的精准干预提供科学依据。

## 参考文献

Adams, J., Mrug, S., & Knight, D. C. (2018). Characteristics of child physical and sexual abuse as predictors of psychopathology. *Child Abuse & Neglect*, *86*, 167-177.

Andrade, L., Caraveo-Anduaga, J. J., Berglund, P., Bijl, R. V., De Graaf, R., Vollebergh, W., Wittchen, H. U. (2003). The epidemiology of major depressive episodes: Results from the international consortium of psychiatric epidemiology (ICPE) surveys. *International Journal of Methods in Psychiatric Research*, *12*(1), 3-21.

Belmans, E., Bastin, M., Raes, F., & Bijttebier, P. (2019). Temporal associations between social anxiety and depressive symptoms and the role of interpersonal stress in adolescents. *Depression and Anxiety*, *36*(10), 960-967.

Copeland, W. E., Worthman, C., Shanahan, L., Costello, E. J., & Angold, A. (2019). Early pubertal timing and testosterone associated with higher levels of adolescent depression in girls. *Journal of the American Academy of Child & Adolescent Psychiatry*, *58*(12), 1197-1206.

Ebert, D. D., Buntrock, C., Mortier, P., Auerbach, R., Weisel, K. K., Kessler, R. C., Bruffaerts, R. (2019). Prediction of major depressive disorder onset in college students. *Depression and Anxiety*, *36*(4), 294-304.

Fentz, H. N., Arendt, M., O'Toole, M. S., Rosenberg, N. K., & Hougaard, E. (2011). The role of depression in perceived parenting style among patients with anxiety disorders. *Journal of Anxiety Disorders*, *25*(8), 1095-1101.

Garabiles, M. R., Lao, C. K., Xiong, Y., & Hall, B. J. (2019). Exploring comorbidity between anxiety and depression among migrant Filipino domestic workers: A network approach. *Journal of Affective Disorders*, *250*, 85-93.

Garber, J., Brunwasser, S. M., Zerr, A. A., Schwartz, K. T., Sova, K., & Weersing, V. R. (2016). Treatment and prevention of depression and anxiety in youth: Test of cross-over effects. *Depression and Anxiety*, *33*(10), 939-959.

González-Valero, G., Zurita-Ortega, F., Ubago-Jiménez, J. L., & Puertas-Molero, P. (2019). Use of meditation and cognitive behavioral therapies for the treatment of stress, depression and anxiety in students: A systematic review and meta-analysis. *International Journal of Enviornmental Research and Public Health*, *16*(22).

Groen, R. N., Ryan, O., Wigman, J. T. W., Riese, H., Penninx, B., Giltay, E. J., Hartman, C. A. (2020). Comorbidity between depression and anxiety: Assessing the role of bridge mental states in dynamic psychological networks. *BMC Medicine*, *18*(1), 308.

Haraden, D. A., Mullin, B. C., & Hankin, B. L. (2017). The relationship between depression and chronotype: A longitudinal assessment during childhood and adolescence. *Depression and Anxiety*, *34*(10), 967-976.

Hasin, D. S., Sarvet, A. L., Meyers, J. L., Saha, T. D., Ruan, W. J., Stohl, M., & Grant, B. F. (2018). Epidemiology of adult DSM-5 major depressive disorder and its specifiers in the United States. *JAMA Psychiatry*, *75*(4), 336-346.

Kraines, M. A., White, E. J., Grant, D. M., & Wells, T. T. (2019). Social anxiety as a precursor for depression: Influence of interpersonal rejection and attention to emotional stimuli. *Psychiatry Research*, *275*, 296-303.

Kuehner, C. (2017). Why is depression more common among women than among men? *Lancet Psychiatry*, *4*(2), 146-158.

Labaka, A., Goñi-Balentziaga, O., Lebeña, A., & Pérez-Tejada, J. (2018). Biological sex differences in depression: A systematic review. *Biological Research for Nursing*, *20*(4), 383-392.

Lamba, A., Frank, M. J., & FeldmanHall, O. (2020). Anxiety impedes adaptive social learning under uncertainty. *Psychological Science*, *31*(5), 592-603.

Leichsenring, F., & Leweke, F. (2017). Social anxiety disorder. *The New England Journal of Medicine*, *376*(23), 2255-2264.

Li, J. Y., Li, J., Liang, J. H., Qian, S., Jia, R. X., Wang, Y. Q., & Xu, Y. (2019). Depressive symptoms among children and adolescents in China: A systematic review and meta-analysis. *Medical Science Monitor*, *25*, 7459-7470.

McElroy, E., Fearon, P., Belsky, J., Fonagy, P., & Patalay, P. (2018). Networks of depression and anxiety symptoms across development. *Journal of the American Academy of Child & Adolescent Psychiatry*, *57*(12), 964-973.

McGuire, T. C., McCormick, K. C., Koch, M. K., & Mendle, J. (2019). Pubertal maturation and trajectories of depression during early adolescence. *Frontiers in Psychology*, *10*, 1362.

Mikolajczyk, R. T., Maxwell, A. E., El Ansari, W., Naydenova, V., Stock, C.,

Ilieva, S., Nagyova, I. (2008). Prevalence of depressive symptoms in university students from Germany, Denmark, Poland and Bulgaria. *Social Psychiatry and Psychiatric Epidemiology*, *43*(2), 105-112.

Pfeifer, J. H., & Allen, N. B. (2021). Puberty initiates cascading relationships between neurodevelopmental, social, and internalizing processes across adolescence. *Biological Psychiatry*, *89*(2), 99-108.

Ran, L., Wang, W., Ai, M., Kong, Y., Chen, J., & Kuang, L. (2020). Psychological resilience, depression, anxiety, and somatization symptoms in response to COVID-19: A study of the general population in China at the peak of its epidemic. *Social Science & Medicine*, *262*, 113-261.

Salk, R. H., Hyde, J. S., & Abramson, L. Y. (2017). Gender differences in depression in representative national samples: Meta-analyses of diagnosis and symptoms. *Psychological Bulletin*, *143*(8), 783-822.

Saxena, S., Funk, M., & Chisholm, D. (2013). World health assembly adopts comprehensive mental health action plan 2013-2020. *Lancet*, *381*(9882), 1970-1971.

Seo, D., Ahluwalia, A., Potenza, M. N., & Sinha, R. (2017). Gender differences in neural correlates of stress-induced anxiety. *Journal of Neuroscience Research*, *95*(1-2), 115-125.

Zhao, L., Han, G., Zhao, Y., Jin, Y., Ge, T., Yang, W., Li, B. (2020). Gender differences in depression: Evidence from genetics. *Frontiers in Genetics*, *11*, 562316.

Zhou, S. J., Zhang, L. G., Wang, L. L., Guo, Z. C., Wang, J. Q., Chen, J. C., Chen, J. X. (2020). Prevalence and socio-demographic correlates of psychological health problems in Chinese adolescents during the outbreak of COVID-19. *European Child & Adolescent Psychiatry*, *29*(6), 749-758.

陈冠全，兰勇龙.(2020).大学生学习压力、心理弹性及焦虑的关系研究.现代交际,(08),125-126.

李娟娟,章荣华,邹艳,顾昉,孟佳,高雷,沈郁.(2021).浙江省青少年抑郁症状的影响因素分析.预防医学,33(02),139-142.

凌宇,唐亚男,滕雄程.(2021).学习压力对农村留守中学生抑郁的影响:乐观的调节与中介作用.教育测量与评价,(03),52-56.

王蜜源,韩芳芳,刘佳,黄凯琳,彭红叶,黄敏婷,赵振海.(2020).大学生抑郁症状检出率及相关因素的meta分析.中国心理卫生杂志,34(12),1041-1047.

徐嘉骏,曹静芳,崔立中,朱鹏.(2010).中学生学习压力问卷的初步编制.中国学校卫生,31(01),68-69.

姚瑶,曹伟艺.(2021).上海市奉贤区南桥镇初中生焦虑和抑郁现状及影响因素分析.上海预防医学,9(10),1-12.

# 研究二　青少年抑郁-焦虑共病症状的网络分析

抑郁和焦虑是最普遍的心理症状之一，抑郁症在全球影响了3.2亿人，焦虑症影响了2.6亿人（Langer et al., 2019）。先前的研究表明我国青少年中抑郁和焦虑普遍存在（Friedrich, 2017; 胡金连等, 2009），而抑郁和焦虑通常存在共病关系，两者是并发症。先前的研究表明，抑郁-焦虑共病率为65%（马胜旗，慈海彤，吕军城，2020）。本研究的结果表明，青少年抑郁-焦虑共病率达34.81%。而传统的观点往往将抑郁、焦虑作为独立的疾病进行诊治，这可能是由于忽略了某些共病的关系。

网络分析法通常用于心理病理学研究中，网络通常由精神障碍的症状（节点）和这些症状的连接（边）组成（Harkness et al., 2006）。网络理论认为疾病通常是由症状之间的相互作用造成的，而症状不是精神疾病的反映，而是构成精神疾病的成分（Jones et al., 2018）。缓解疾病的症状对其治疗具有积极的意义，构建疾病网络从而解释哪些症状在网络中最为重要，有助于缓解核心症状（McNally, 2016）。因此，本研究拟通过采用网络分析法探索我国青少年抑郁-焦虑的共病关系，目的在于：(a)创建抑郁-焦虑共病网络来识别网络中的主要症状；(b)使用桥中心性来识别抑郁-焦虑网络的疾病路径。从而为青少年抑郁-焦虑共病的预防和精准干预提供指导。

# 1.研究对象与方法

## 1.1 抑郁-焦虑共病的研究对象

抑郁-焦虑共病的研究对象是指同时存在抑郁症状和焦虑症状的青少年。

## 1.2 测量工具

### 1.2.1 抑郁调查问卷(PHQ-9)

同研究一的测量工具。

### 1.2.2 广泛焦虑量表

同研究一的测量工具。

## 1.3 数据统计学分析

### 1.3.1 Glasso网络

使用R语言中qgraph软件包的EBICglasso功能来估计网络(Beard et al., 2016)。使用图形化LASSO(Least Absolute Shrinkage and Selection Operator)算法对GGM进行正则化。该步骤能收缩所有边缘,并使小边缘变为零以获得更稳定和可解释的网络。将GGM调整参数设置为建议值0.5,以很好地判断和权衡真实边缘的敏感性和特异性。在可视化网络中,红色边缘代表节点之间负的部分相关性,蓝色边缘代表节点之间正的部分相关性。较粗的边缘表示节点之间的关联性较强。

### 1.3.2 稳定性和准确性分析

通过 R 软件的 bootnet 功能来计算网络的稳定性和准确性（Epskamp et al., 2018）。首先，使用自举法计算 95% 的置信区间（CI）来评估边权值的准确性。置信区间越窄，边权值的估计就越准确，中心性指标的估计也就越准确。然后，使用自举法计算相关稳定性系数来估计中心性指标的稳定性。相关稳定性系数是指在保持原始中心性指标与子样本的中心性指标之间的相关性至少为 0.70（95% 概率）的情况下，可以从整个研究案例中排除的最大比例的案例。该相关稳定性系数不应低于 0.25，最好高于 0.50（Epskamp et al., 2018）。

### 1.3.3 中心性和差异分析

使用 R 语言的 qgrath 软件包进行中心性指标的计算（Epskamp et al., 2018），使用 bootnet 包进行节点中心性差异测试（Epskamp et al., 2012）。由于研究表明强度中心性指标比紧密性和中介性指标更稳定（Epskamp et al., 2018; Epskamp, 2017），因此，我们以强度中心性作为本研究的指标。强度中心性是每个节点连接的边权和（e.g., correlation coefficients），反映了某种症状被激活后其他症状也被激活的可能性。

### 1.3.4 桥症状

桥症状概念被认为是两种精神疾病重叠的症状（McNally, 2016）。在本研究中，我们使用桥中心性统计来计算抑郁-焦虑症状所重叠的症状（Cramer et al., 2010）。桥强度中心性是识别桥节点的最佳指标，因此我们计算了桥强度中心性和桥预期影响中心性。根据 Jones 等人的报告，消除桥症状则能阻止一种疾病向另一种疾病的扩散。

## 2. 结　果

### 2.1　各症状描述性统计分析结果

描述性统计分析显示，在抑郁-焦虑共病的青少年中，"感到焦虑、担忧或紧张"的症状是最为普遍的，发生率高达95.13%。而"在应对焦虑时需要寻求帮助"的发生率最低（43.44%）。抑郁量表和焦虑量表各症状的具体描述性统计结果见表3-2。

表3-2　抑郁和焦虑症状的缩写、平均数、标准差和发生率（$N$=4411）

| 缩写 | 症状 | 平均数 | 标准差 | 发生率/% |
| --- | --- | --- | --- | --- |
| A1: 害怕 | 感到突如其来的恐惧、害怕或惊恐？ | 2.26 | 1.04 | 80.39 |
| A2: 紧张 | 感到焦虑、担忧或紧张？ | 2.77 | 1.06 | 95.13 |
| A3: 过度担忧 | 有要发生糟糕事情的想法，如家庭悲剧、健康状况恶化、失去工作或意外事故？ | 2.00 | 1.11 | 59.87 |
| A4: 出汗 | 感到心跳加速、出汗、呼吸困难、眩晕或颤抖？ | 1.98 | 1.02 | 64.18 |
| A5: 难以放松 | 感觉肌肉僵硬，感到紧张或不安，或者很难放松下来或很难入睡？ | 2.17 | 1.11 | 70.62 |
| A6: 回避 | 回避，或者不接近不进入我担忧的情境？ | 2.21 | 1.15 | 71.34 |
| A7: 参与感 | 只是因为有一点点担忧，就提前离开一些情境，或参与度很低？ | 2.31 | 1.18 | 74.97 |
| A8: 犹豫不决 | 由于担忧而花很长时间做决定、推迟做决定或为上述情景做准备？ | 2.56 | 1.22 | 82.73 |
| A9: 反复确认 | 出于担忧而反复向他人寻求确认？ | 2.69 | 1.28 | 83.41 |
| A10: 寻求帮助 | 在应对焦虑时需要寻求帮助（例如借助酒精、药物、护身符或向他人求助）？ | 1.71 | 1.04 | 43.44 |

续表

| 缩写 | 症状 | 平均数 | 标准差 | 发生率/% |
|---|---|---|---|---|
| D1: 悲伤 | 感觉低落、抑郁、易怒或者绝望? | 2.24 | 0.79 | 87.17 |
| D2: 快感缺失 | 做事没什么兴趣或乐趣? | 2.31 | 0.83 | 87.67 |
| D3: 睡眠 | 入睡困难,睡不踏实,或睡得太多? | 2.25 | 0.97 | 76.81 |
| D4: 胃口 | 胃口不好,体重减轻,或者吃得过多? | 1.90 | 0.93 | 60.39 |
| D5: 能量 | 感到疲劳,或精力不足? | 2.45 | 0.87 | 90.07 |
| D6: 失败感 | 感觉自己很糟糕,或觉得自己很失败,或让自己、家人很失望? | 2.55 | 0.94 | 88.87 |
| D7: 注意力 | 注意力难以集中,譬如难以专注地完成学校作业、阅读或看电视? | 2.37 | 0.96 | 82.45 |
| D8: 活动 | 动作缓慢或语速缓慢以至于其他人注意到?或者出现相反的情况:因为烦躁不安,比平时走动更多? | 1.73 | 0.85 | 52.32 |
| D9: 自杀 | 有"还不如死了更好"或"用某种手段自残"的想法? | 1.75 | 0.93 | 49.72 |

注:A1—A10条目为焦虑症状,D1—D9条目为抑郁症状。选项1(从不)表示未发生,选项2—5(偶尔到总是)表示发生。

## 2.2 对抑郁-焦虑的网络稳定性和准确性的分析

青少年抑郁和焦虑症状网络的边权稳定性满足要求(见图3-9),当前网络的边权值为0.75,大于建议的0.5(Jones et al., 2019)。更大的边权置信区间意味着网络估计的准确性更高。此外,由于先前报告强度中心性指标具有更好的可重复性和稳定性(Epskamp et al., 2018),因此,这里我们更关注强度中心性指标。网络强度中心性指标的相关稳定系数为0.75,高于建议的临界值0.25(Epskamp et al., 2018)。

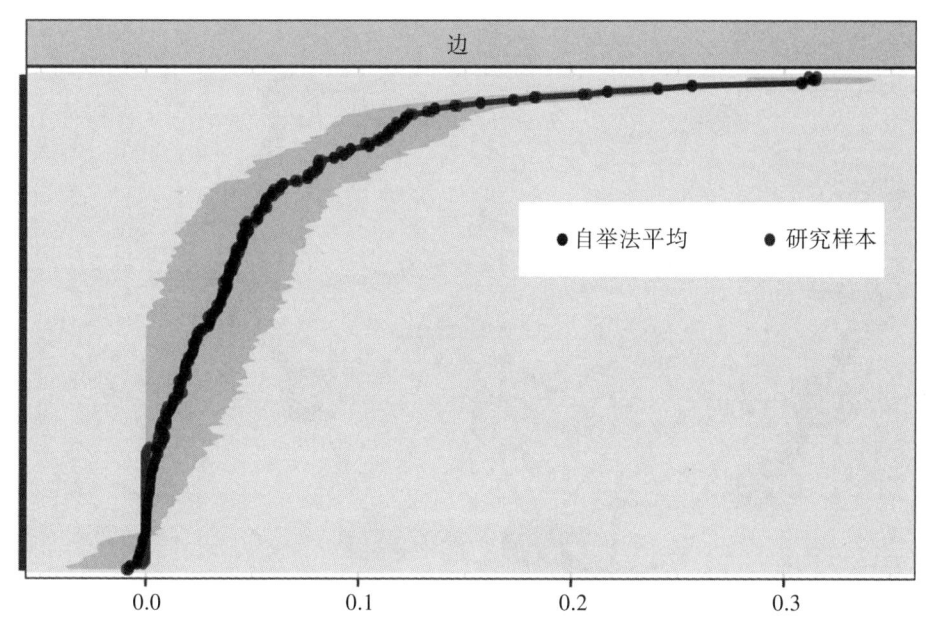

图3-9 抑郁-焦虑网络边权值准确性分析

注:置信区间越窄,边权值越准确。

## 2.3 对青少年抑郁-焦虑共病与量表各条目的网络结构和中心性分析

青少年抑郁-焦虑网络结构图请见图3-10,强度和预期影响中心性请见图3-11。抑郁-焦虑共病网络共包含了19个节点,在171条可能联系的边中有133条不为零。网络结构显示抑郁症状"睡眠"D3和焦虑症状"难以放松"A5具有最强的正则化偏相关,偏相关系数为0.32。此外焦虑症状"害怕"A1和"紧张"A2,以及"犹豫不决"A8和"反复确认"A9也具有较强的偏相关,系数分别为0.31和0.30。意味着青少年抑郁-焦虑共病可能与"睡眠"和"难以放松"的连接有关,破坏该连接可能有效防止抑郁-焦虑共病的发生。强度中心性表明抑郁症状"悲伤"($S=1.20$)和焦虑症状"害怕"($S=1.19$)具有最强的中心性,意味着"悲伤"和"害怕"比网络中其他症状更为重要。

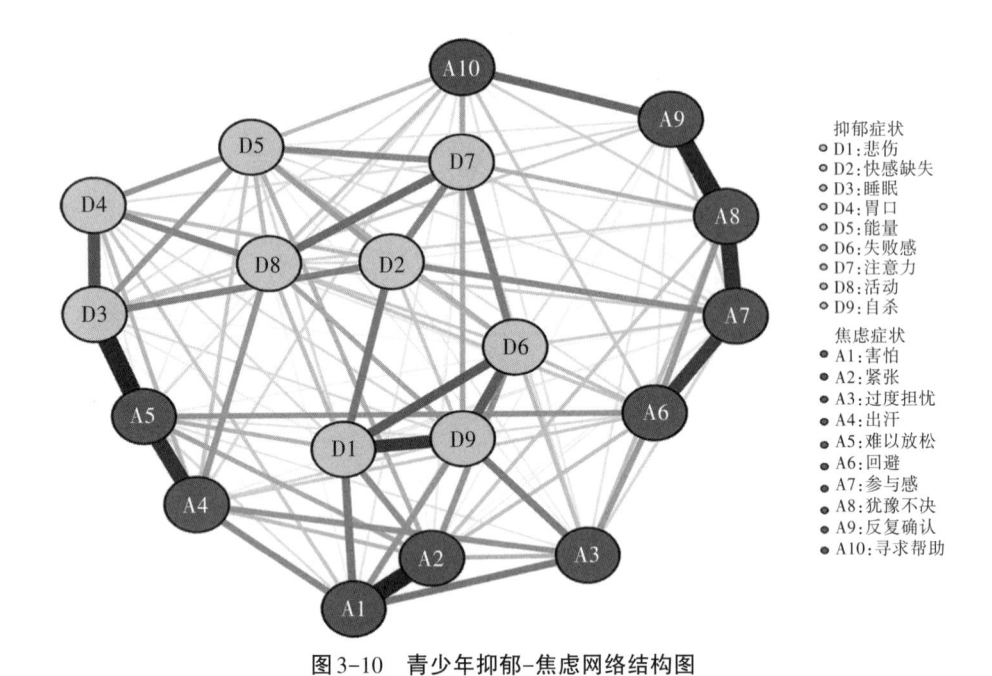

图 3-10 青少年抑郁-焦虑网络结构图

注：字母代表的具体条目请见表 3-2，灰色节点表示抑郁症状，黑色节点表示焦虑症状。图中连线均为正相关，无负相关。连线越粗表示相关越强，连线越细表示相关越弱。

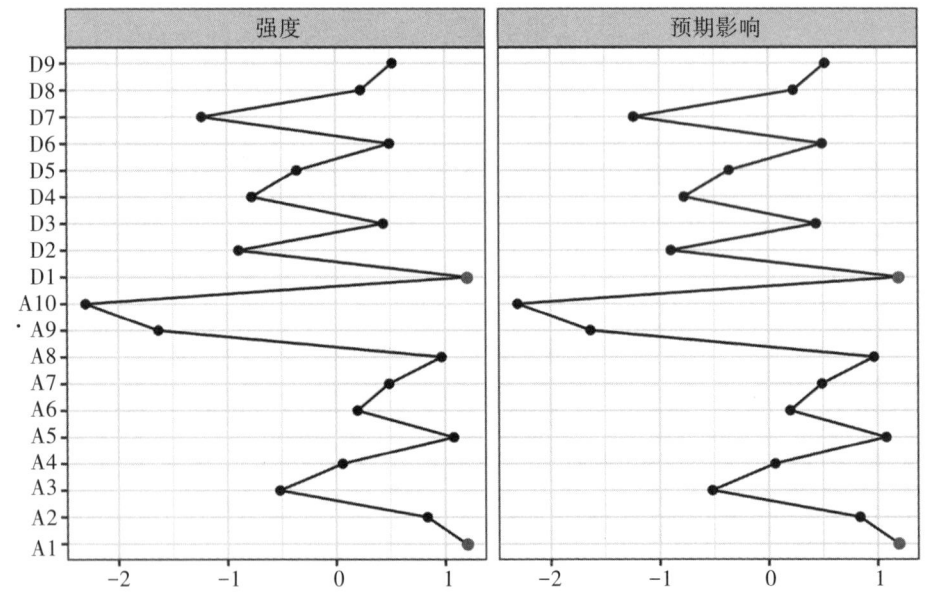

抑郁症状
- D1：悲伤
- D2：快感缺失
- D3：睡眠
- D4：胃口
- D5：能量
- D6：失败感
- D7：注意力
- D8：活动
- D9：自杀

焦虑症状
- A1：害怕
- A2：紧张
- A3：过度担忧
- A4：出汗
- A5：难以放松
- A6：回避
- A7：参与感
- A8：犹豫不决
- A9：反复确认
- A10：寻求帮助

图 3-11 青少年抑郁-焦虑症状的强度中心性和预期影响中心性（基于 $Z$ 分数）

注：字母代表的具体条目请参见表 3-2。

## 2.4 青少年抑郁-焦虑共病与量表各条目的桥症状分析

青少年抑郁和焦虑症状之间存在一些桥症状,桥中心性指标见图3-12。桥强度中心性最高的症状分别为:焦虑症状"难以放松"($BS=0.46$)和抑郁症状"睡眠"($BS=0.41$)。桥预期影响中心性最高的症状同样为"难以放松"和"睡眠"。针对桥症状的干预可以有效预防抑郁症状向焦虑症状的扩散。

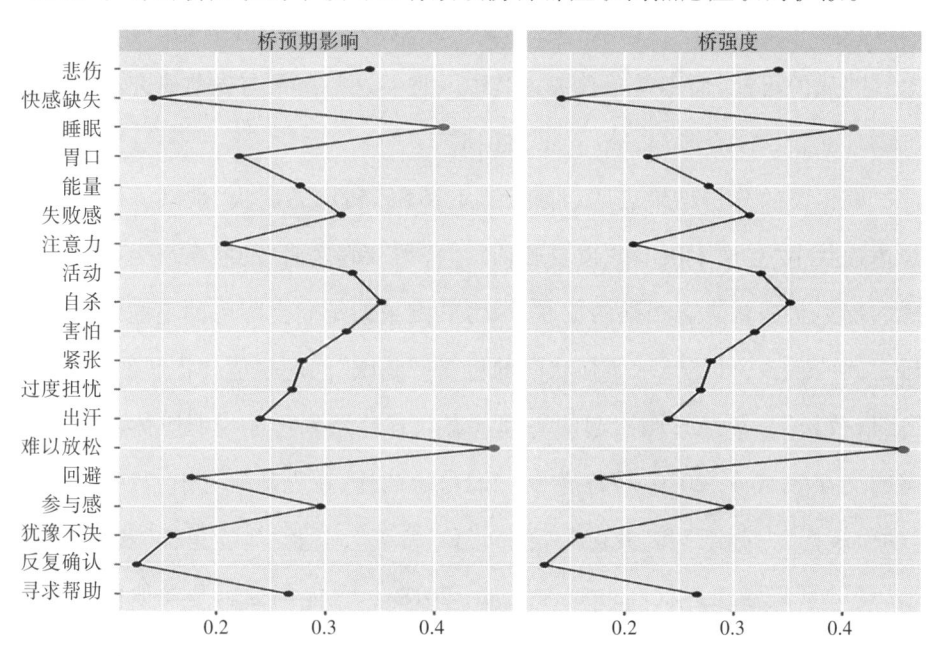

图3-12 青少年抑郁-焦虑症状的桥强度和桥预期影响中心性(基于$Z$分数)

## 3. 讨 论

本研究使用网络分析法探索了青少年抑郁-焦虑共病与量表各条目网络的特点。网络分析可以探索在网络中症状的重要性,以及不同障碍之间的症状联系。研究采用了网络结构和中心性指标来确定网络中症状的关系以及两个障碍彼此的联系。从传统疾病的整体视角细化到症状,从而可以更细微地了解青少年抑郁与焦虑症状的共病特点,为进一步的预防和精准干预提供新的思路和参考。

网络结构的结果显示,抑郁和焦虑症状联系紧密,在171条可能联系的边中有133条存在联系。网络中焦虑症状在抑郁症状周围分布,而没有明显成簇,这意味着,青少年抑郁症状和焦虑症状存在一定的区别,同时这些症状之间又存在着紧密联系。因此在对青少年抑郁或焦虑进行干预时,应该充分考虑其共病的可能,而不是单独考虑其中一种。这些结果与先前研究结果一致(Beard et al., 2016; Epskamp et al., 2018)。

偏相关的分析结果表明,抑郁症状"睡眠"和焦虑症状"难以放松",以及焦虑症状中"犹豫不决"和"反复确认","害怕"和"紧张"的联系最为密切。障碍内部症状通常具有很强的关联,因为其测量的是同类障碍的不同维度。障碍之间的联系,可能暗示了症状间的传播。"睡眠"问题是躯体症状的一种,而"难以放松"是神经紧张引起的心理状态。这些结果可能说明躯体和心理状态的交互(Gilbar, 2020; 马竹静等, 2021)。此外,在先前研究中,"注意力"和"动作缓慢","睡眠"和"疲劳","食欲"和"疲劳",以及"过度担忧"和"难以放松"是联系最强的症状(Quiñones et al., 2018)。可能的原因是在他们的研究中样本为成人,因此需要面临更多的社会问题,如工作、恋爱、家庭等(Garabiles et al., 2019; 魏淑华等, 2021)。这或许增加了成人的担忧。与之相反的是,本研究样本中为青少年,较少存在类似问题。

网络中心性分析的结果表明,抑郁症状中"悲伤"和焦虑症状"害怕"是青少年抑郁-焦虑网络中最核心的症状。抑郁症状"悲伤"是一种与情绪低落相关的症状,悲伤通常是抑郁的核心症状之一。这表明可能在青少年中与情绪低落相关的症状起着更重要的作用。此外,焦虑症状"害怕"在网络中也是重要节点,与先前的抑郁-焦虑网络中出现的"担忧"是最核心的症状有所不同(王文军,刘举科,2020)。可能的原因是青少年存在许多社会应激源,例如来自监护人和教师的虐待或压力。这些结果表明,针对网络中最重要的症状进行干预可能比干预其他症状更有效。

桥中心性的分析结果表明,青少年抑郁和焦虑症状中存在两个桥症:焦虑的"难以放松"和抑郁的"睡眠"症状,与前面正则化偏相关最强的症状一致。这些结果不同于成人或其他精神疾病患者的网络(McElroy et al., 2018; Park & Kim, 2020)。据我们所知,目前没有针对青少年的抑郁-焦虑共病的网络分析,这意味着这些桥症状的激活可能引起青少年抑郁-焦虑的共病,这些结果为青少年抑郁-焦虑共病的干预提供了靶点,针对这些症状可以更有效地预防抑郁-焦虑共病的产生。

本研究也存在一些局限性。首先是横断面的研究调查结果,导致无法进行因果推断。其次是调查样本来自同一文化中,因此可能限制了结果的推广。最后,分析没有区分性别,因为先前研究表明男性和女性的抑郁-焦虑症状可能存在差异(Garabiles et al., 2019; Qin et al., 2020)。因此未来的研究应该进一步探索这些问题。

## 4. 小　结

本研究使用网络分析法探索了我国青少年抑郁-焦虑共病的网络,结果发现在青少年中"害怕"和"紧张","犹豫不决"和"反复确认",以及抑郁症状"睡眠"和焦虑症状"难以放松"之间联系最密切。中心性结果显示"悲伤"和"害怕"是网络中最重要的症状。最后桥症状结果显示"难以放松"和"睡眠"症状是青少年抑郁-焦虑共病干预的重要靶点。这些结果为预防和干预青少年抑郁-焦虑共病提供了理论支持。

# 参考文献

Beard, C., Millner, A. J., Forgeard, M. J., Fried, E. I., Hsu, K. J., Treadway, M. T., & Björgvinsson, T. (2016). Network analysis of depression and anxiety symptom relationships in a psychiatric sample. *Psychological Medicine*, *46*(16), 3359–3369.

Cramer, A. O., Waldorp, L. J., van der Maas, H. L., & Borsboom, D. (2010). Comorbidity: A network perspective. *Behavioral and Brain Sciences*, *33*(2-3), 137–150; discussion 150–193.

Epskamp, S., Borsboom, D., & Fried, E. I. (2018). Estimating psychological networks and their accuracy: A tutorial paper. *Behavior Research Methods*, *50*(1), 195–212.

Epskamp, S., Cramer, A. O. J., Waldorp, L. J., Schmittmann, V. D., & Borsboom, D. (2012). qgraph: Network visualizations of relationships in psychometric data. *Journal of Statistical Software 48*(4), 1–18.

Epskamp, S., Maris, G., Waldorp, L. J., & Borsboom, D. (2018). *Network psychometrics*. In P. Irwing, T. Booth, & D. J. Hughes (Eds.), The Wiley handbook of psychometric testing: A multidisciplinary reference on survey, scale and test development (pp. 953–986). New Jersey: Wiley Blackwell.

Epskamp, S., Rhemtulla, M., & Borsboom, D. (2017). Generalized network psychometrics: Combining network and latent variable models. *Psychometrika*, *82*(4), 904–927.

Epskamp, S., Waldorp, L. J., Mottus, R., & Borsboom, D. (2018). The gaussian graphical model in cross-sectional and time-series data. *Multivariate Behavioral Research*, *53*(4), 453–480.

Friedrich, M. J. (2017). Depression is the leading cause of disability around the world. *The Journal of the American Medical Association*, *317*(15), 1517.

Garabiles, M. R., Lao, C. K., Xiong, Y., & Hall, B. J. (2019). Exploring comorbidity between anxiety and depression among migrant Filipino domestic workers: A network approach. *Journal of Affective Disorders*, *250*, 85-93.

Gilbar, O. (2020). Examining the boundaries between ICD-11 PTSD/CPTSD and depression and anxiety symptoms: A network analysis perspective. *Journal of Affective Disorders*, *262*, 429-439.

Groen, R. N., Ryan, O., Wigman, J. T. W., Riese, H., Penninx, B., Giltay, E. J., & Hartman, C. A. (2020). Comorbidity between depression and anxiety: Assessing the role of bridge mental states in dynamic psychological networks. *BMC Medicine*, *18*(1), 308.

Harkness, K. L., Bruce, A. E., & Lumley, M. N. (2006). The role of childhood abuse and neglect in the sensitization to stressful life events in adolescent depression. *Journal of Abnormal Psychology*, *115*(4), 730-741.

Jones, P. J., Mair, P., & McNally, R. J. (2018). Visualizing psychological networks: A tutorial in R. *Frontiers in Psychology*, *9*, 1742.

Jones, P. J., Ma, R., & McNally, R. J. (2019). Bridge centrality: A network approach to understanding comorbidity. *Multivariate Behavioral Research*, *56*(2), 353-367.

Langer, J. K., Tonge, N. A., Piccirillo, M., Rodebaugh, T. L., Thompson, R. J., & Gotlib, I. H. (2019). Symptoms of social anxiety disorder and major depressive disorder: A network perspective. *Journal of Affective Disorders*, *243*, 531-538.

McElroy, E., Fearon, P., Belsky, J., Fonagy, P., & Patalay, P. (2018). Networks of depression and anxiety symptoms across development. *Journal of the American Academy of Child and Adolescent Psychiatry*, *57*(12), 964-973.

McNally, R. J. (2016). Can network analysis transform psychopathology? *Behaviour Research and Therapy*, *86*, 95-104.

Park, S. C., & Kim, D. (2020). The centrality of depression and anxiety symptoms in major depressive disorder determined using a network analysis. *Journal of Affective Disorders*, *271*, 19-26.

Qin, X., Sun, J., Wang, M., Lu, X., Dong, Q., Zhang, L., & Li, L. (2020). Gender differences in dysfunctional attitudes in major depressive disorder. *Frontiers Psychiatry*, *11*, 86-86.

Quiñones, A. R., Markwardt, S., Thielke, S., Rostant, O., Vásquez, E., & Botoseneanu, A. (2018). Prospective disability in different combinations of somatic and mental multimorbidity. *The Journals of Gerontology: Series A, Biological Sciences and Medical Sciences*, *73*(2), 204-210.

胡金连,张河川,宋精玲,郭思智.(2009).云南省7个民族青少年焦虑流行现状分析.中国学校卫生,30(01),42-43.

马胜旗,慈海彤,吕军城.(2020).山东省青少年抑郁现状及影响因素分析.现代预防医学,47(05),839-843.

马竹静,任垒,金银川,郭力,张钦涛,苑会羚,杨群.(2021).精神科门诊患者抑郁和焦虑症状的关系:基于网络分析的方法.国际精神病学杂志.48(01),45-49,58.

王文军,刘举科.(2020).性别差异视角下职场混合压力作用机制及管理启示,领导科学,(24),43-46.

魏淑华,赵健,董及美,陈功香.(2021).工作对家庭的增益与中小学教师的工作满意度:职业认同的中介作用及其性别差异.心理与行为研究,19(01),125-130,136.

# 研究三　青少年抑郁-焦虑共病及其与社交焦虑的网络分析

社交焦虑是一种使人衰弱的疾病,其特征是明显且持续地害怕被他人侮辱或审视(WHO,1992;American Psychiatric Association,2013),表现出对社交场合的强烈恐惧。害怕一系列的社交互动,如与陌生人说话、公开演讲,甚至是在电话里讲话。大多数涉及他人在场的事情都是困难的,例如在他人已经就座的情况下走进房间,在公共场所进食或饮水,以及在观众面前表演。常见的表现包括出汗、发抖、脸红、口吃、紧张或显得无聊,愚蠢或不讨人喜欢(Seo et al.,2017)。

社交焦虑可能对抑郁症状的进程产生不利影响,例如与抑郁的严重程度有关,包括自杀和社会功能受损有关,表现为影响工作效率或社交和恋爱功能受损,或减少寻求帮助的可能(Erzen & Çikrikci,2018)。此外,社交焦虑与焦虑症状同属焦虑症的亚型,具有高度的相关性。根据《精神疾病诊断和统计手册》的诊断标准,通常将焦虑症状和社交焦虑作为需要鉴别的疾病,说明这两者具有很强的相似性,通常在诊断时区分度较差(Beesdo et al.,2007)。

综上,抑郁、焦虑和社交焦虑存在很高的相关性,而当前的研究很少探讨社交焦虑与抑郁、焦虑症状的联系,更缺乏使用网络分析法探索青少年社交焦虑和抑郁、焦虑症状特征的研究。网络分析法通常用于心理病理学的研究中,网络通常由精神障碍的症状——节点和这些症状的连接——边组成(Gordon & Heimberg,2011)。网络理论认为疾病通常是由症状之间相互作用造成的,而症状不是反映的精神疾病,而是构成精神疾病的成分(Jones et al.,2019)。缓解疾病的症状对其治疗具有积极的意义。构建疾病网络从而解释哪些症状在网络中最为重要,有助于缓解核心症状(McNally,2016)。本研究拟通过采用网络分析法来探索青少年社交焦虑和抑郁、焦虑症状的特征及其之间的联系,发现青少年抑郁-焦虑共病与社交焦虑网络中,相比其他症状,哪些症状更为重要,应该对什么症状进行干预,从而为青少年抑郁-焦虑共病与社交焦虑个体提供症状学的认识。

# 1.研究对象与方法

## 1.1 研究对象

同研究一抑郁-焦虑共病的研究对象。

## 1.2 测量工具

### 1.2.1 抑郁调查问卷(PHQ-9)

同研究一的测量工具。

### 1.2.2 广泛焦虑量表

同研究一的测量工具。

### 1.2.3 社交焦虑量表

同研究一的测量工具。

## 1.3 数据统计学分析

同研究一的数据统计学分析。

## 2. 结 果

### 2.1 青少年抑郁-焦虑共病及其与社交焦虑的网络稳定性分析

抑郁、焦虑和社交焦虑网络的边权稳定性满足要求（见图3-13），当前网络的边权值为0.75，大于建议的0.5（Jones et al., 2019）。更大的边权置信区间意味着网络估计的准确性更高。此外，由于先前报告强度中心性指标具有更好的可重复性和稳定性（Epskamp, et al., 2018），因此，这里我们更关注强度中心性指标。网络强度中心性指标的相关稳定系数为0.75，高于建议的临界值0.25（Epskamp, et al., 2018）。

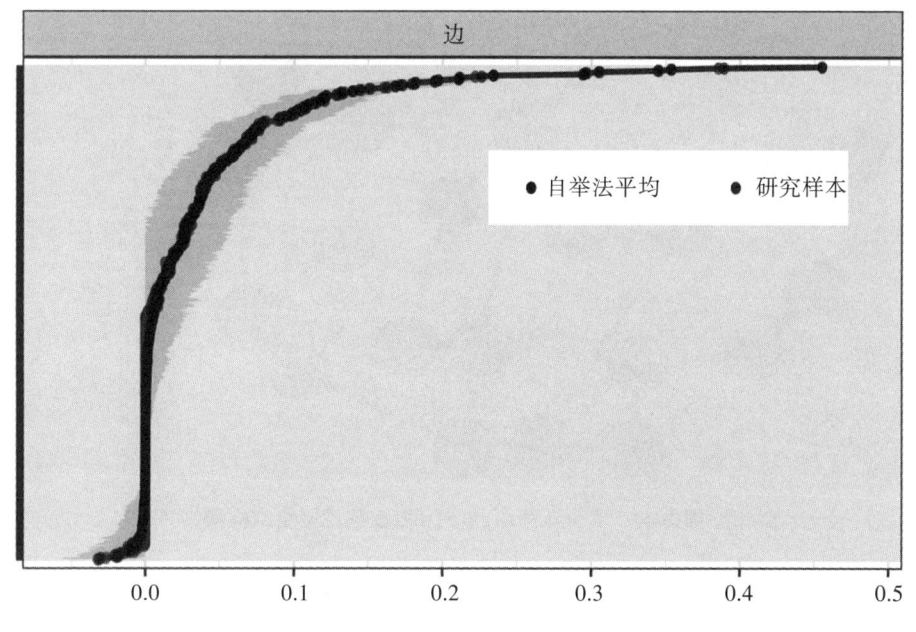

图3-13 抑郁、焦虑和社交焦虑网络的边权稳定性

注：置信区间越窄，边权值越准确。

## 2.2 青少年抑郁-焦虑共病及其与社交焦虑网络的中心性分析

青少年抑郁、焦虑和社交焦虑网络结构请见图3-14,强度和预期影响中心性请见图3-15。抑郁、焦虑和社交焦虑网络共包含了29个节点,在406条可能连接的边中有217条不为零。网络中强度中心性最高的症状包括:"社交回避",SA6($S$=2.33)、"社交紧张",SA2($S$=1.61)。强度中心性差异测试结果显示,"社交回避"和"社交紧张"的强度中心性估计值显著高于其他症状($p<0.05$)。这意味着青少年抑郁-焦虑共病与社交焦虑紧密连接,且"社交回避"和"社交紧张"起着最重要的作用,针对这些节点的干预具有最大收益。

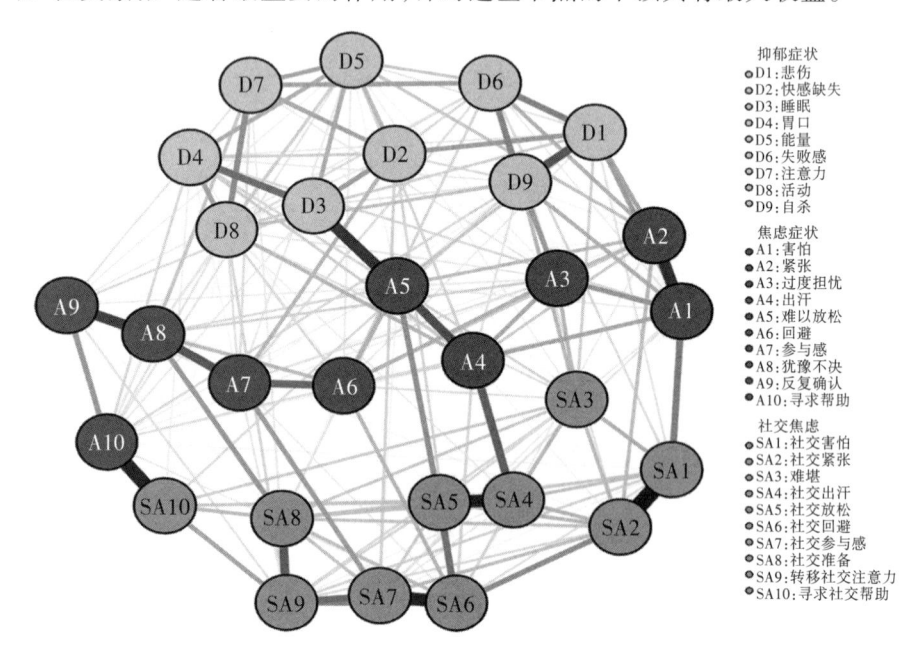

图3-14　青少年抑郁、焦虑和社交焦虑网络结构图

注:图中连线均为正相关,无负相关。连线越粗表示相关越强,连线越细表示相关越弱。

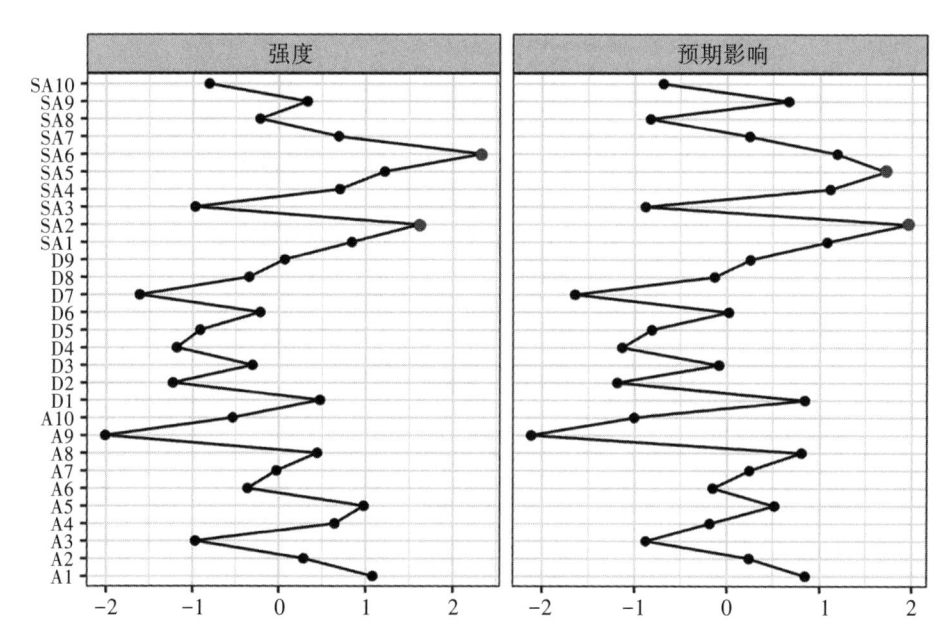

图3-15 抑郁、焦虑和社交焦虑网络强度中心性及预期影响中心性(基于$Z$分数)。

## 2.3 青少年抑郁-焦虑共病及其与社交焦虑网络的桥症状分析

抑郁、焦虑和社交焦虑之间存在一些桥症状的中心性指标见图3-16。桥预期影响中心性最高的症状分别为：焦虑症状"寻求帮助"(BEI=0.55)，"难以放松"(BEI=0.51)和社交焦虑症状"寻求社交帮助"(BEI=0.46)。桥的强度中心性最高的症状包括："寻求帮助"(BS=0.62)，"难以放松"(BS=0.61)。这表明这些症状为桥症状，针对桥症状进行干预，可以有效阻止抑郁-焦虑共病的产生。

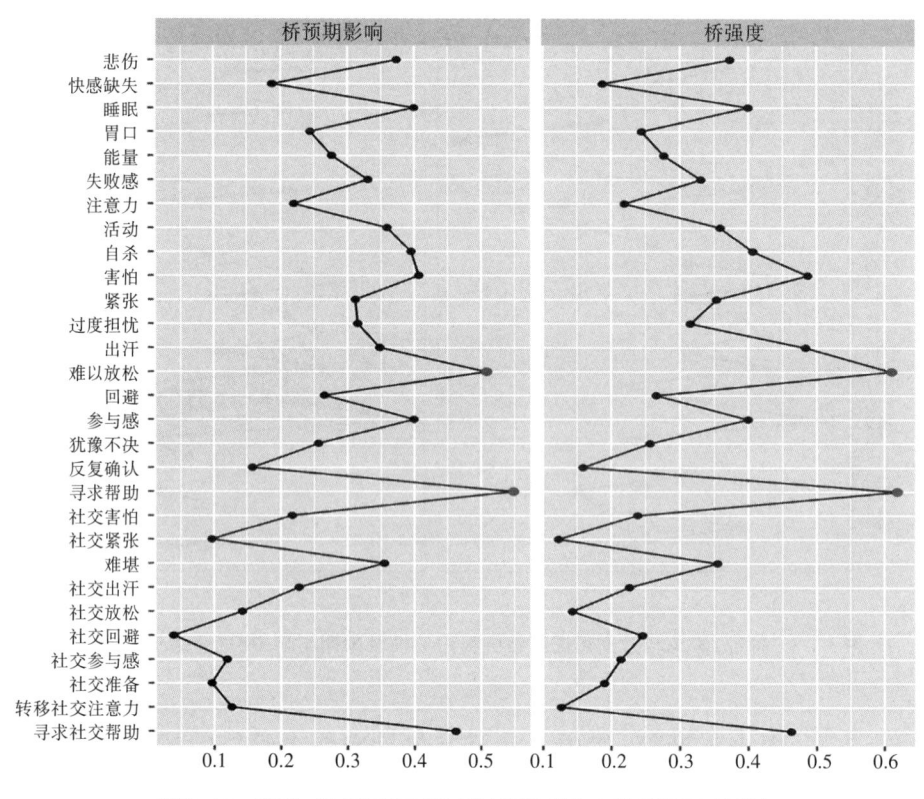

图 3-16　抑郁、焦虑和社交焦虑网络的桥中心性（基于 $Z$ 分数）

## 3. 讨　论

本研究使用网络分析法探索了青少年抑郁-焦虑共病与社交焦虑的网络特征。首先，该网络中可能存在的 406 条边中有 217 条边不为零，意味着这些症状之间的联系紧密。从可视化网络结构图中可以看出，抑郁、焦虑和社交焦虑有比较清晰的簇。与先前网络分析研究结果一致，各种疾病内部症状的联系更紧密（Epskamp et al., 2018; Garabiles et al., 2019）。结果还发现在青少年中抑郁、焦虑和社交焦虑网络中症状强度存在差异性，"社交回避"和"社交紧张"在本网络中具有最强的强度中心性。与先前抑郁和社交焦虑网络分析结果一致（Langer et al.，2019），"社交回避"在抑郁和社交焦虑中起着最重要的作用。在本研究中，即使加入了广泛焦虑症状，社交回避依然是网络中最为中心的症状。先前研究结果表明，无论持续性抑郁症患者还是发作性抑郁症患者都报告了更多的人际关系问题，尤其是情绪低落的持续性抑郁症患者在人际交往时更容易感到不知所措，从而导致同情困扰和回避或顺从的人际交往行为（Moitra et al.，2008）。青少年在人际交往中的不知所措很大程度上是因为害羞，研究发现中国城市的青少年的害羞与个体的内在问题和伙伴相处困难的指数密切相关（Coplan et al. 2017），这很大程度受到中国经济和社会改革的影响，引发了竞争和社会自信观念改变。害羞导致了青少年不爱交际，而且持续过度的社会恐惧和社会评价担忧，使得青少年面临更大的社会情感困难的风险。社交回避是社交快感缺失的显著标记，它和抑郁紧密相关。Coplan等（2016）在对10—12岁的中国孩子的抽样调查发现，社交回避的孩子有更明显的抑郁和焦虑症状。本研究通过对11—17岁的青少年的调查同样发现社交回避在社交焦虑和抑郁中的关键作用。因此，社交回避症状，是青少年抑郁、焦虑和社交焦虑症状的重要标志，针对社交回避的干预，是抑郁-焦虑干预的有效途径。

尽管如此，当前的研究结果表明社交回避不是桥症状，与先前的研究结果类似（Struck et al.，2020），但不同的是，先前研究中的桥症状是"没有价值"，而本研究中的桥症状是"难以放松"和"寻求帮助"。这可能是使用了不同的测量工具和样本群体的原因。"难以放松"表示肌肉僵硬、感觉紧张或不安，长期得不到放松会导致抑郁和焦虑。"寻求帮助"表示需要借助外部力量应对焦虑。网络中与"难以放松"连接最强的是抑郁症状"睡眠"，一方面，睡眠障碍可能不利于身心放松，另一方面"难以放松"也会影响睡眠。此外，与"寻求帮助"连接最强的是社交焦虑症状"寻求社交帮助"。这是两个相似的症状，意味着青少年不借助外部的帮助，可能会进一步导致其他抑郁或焦虑症状。

根据桥症状的理论,对桥症状的干预能阻止共病的扩散,且干预桥症状比干预其他症状更为有效(Langer et al., 2019)。青少年表现出抑郁、焦虑的症状增加,且普遍存在社交焦虑。为了更好地预防这些心理健康问题,本研究的桥症状结果表明,"难以放松"和"寻求帮助"是预防抑郁、焦虑和社交焦虑症状蔓延的最佳干预目标。

本研究也存在一些局限性。第一,样本数据来自横断面的调查结果,因此缺乏动态的因果推断。第二,样本仅来自中国重庆一个城市,在文化多元化的中国,这些结果的使用应该考虑是否适合其他地区的情况。第三,样本为社区群体,而非抑郁患者,大多数参与者抑郁水平较低。第四,来自方法本身的局限,可能我们没有在网络模型中输入所有的症状,如使用其他调查工具的抑郁症状与CDI-27的症状存在不同(de Haan et al., 2020; Jones et al., 2019)。

# 4. 小　结

本研究使用网络分析法探索了青少年抑郁、焦虑和社交焦虑网络的关系。结果发现青少年抑郁、焦虑和社交焦虑网络中最核心的症状是"社交回避",而桥症状是"难以放松"。这些结果表明,青少年在人际交往时可能体验了更多的社交困扰,为了减少青少年抑郁、焦虑和社交焦虑潜在的影响,针对核心症状"社交回避"和桥症状"难以放松"的干预,可能会有更大的收益。对青少年的抑郁、焦虑和社交焦虑的早期筛查和干预可以预防心理问题的产生和降低成年后的精神疾病的发展。

# 参考文献

American Psychiatric Association. (2013). *Diagnostic and statistical manual for mental disorders* (5th ed.). Washington, DC: American Psychiatric Press.

Beesdo, K., Bittner, A., Pine, D. S., Stein, M. B., Höfler, M., Lieb, R., & Wittchen, H. U. (2007). Incidence of social anxiety disorder and the consistent risk for secondary depression in the first three decades of life. *Archives of General Psychiatry*, *64*(8), 903–912.

Coplan, R. J., Liu, J., Ooi, L. L., Chen, X., Li, D., & Ding, X. (2016). A person-oriented analysis of social withdrawal in Chinese children. *Social Development*, *25*, 794–811.

Coplan, R. J., Liu, J., Cao, J., Chen, X., & Li, D. (2017). Shyness and school adjustment in Chinese children: The roles of teachers and peers. *School Psychology Quarterly*, *32*, 131–142

De Haan, A., Landolt, M. A., Fried, E. I., Kleinke, K., Alisic, E., Bryant, R., Meiser-Stedman, R. (2020). Dysfunctional post-traumatic cognitions, post-traumatic stress and depression in children and adolescents exposed to trauma: A network analysis. *Journal of Child Psychology and Psychiatry*, *61*(1), 77–87.

Epskamp, S., Borsboom, D., & Fried, E. I. J. B. R. M. (2018). Estimating psychological networks and their accuracy: A tutorial paper. *Behavior Research Methods*, *50*(1), 195–212.

Epskamp, S., Waldorp, L. J., Mottus, R., & Borsboom, D. (2018). The gaussian graphical model in cross-sectional and time-series data. *Multivariate Behavioral Research*, *53*(4), 453–480.

Erzen, E., & Çikrikci, Ö. (2018). The effect of loneliness on depression: A meta-analysis. *International Journal of Social Psychiatry*, *64*(5), 427-435.

Gordon, D., & Heimberg, R. G. (2011). Reliability and validity of DSM-IV generalized anxiety disorder features. *Journal of Anxiety Disorders*, *25*(6), 813-821.

Jones, P. J., Mair, R., & McNally, R. J. (2019). Bridge centrality: A network approach to understanding comorbidity. *Multivariate Behavioral Research*, 1-15.

Langer, J. K., Tonge, N. A., Piccirillo, M., Rodebaugh, T. L., Thompson, R. J., & Gotlib, I. H. (2019). Symptoms of social anxiety disorder and major depressive disorder: A network perspective. *Journal of Affective Disorders*, *243*, 531-538.

McNally, R. J. (2016). Can network analysis transform psychopathology? *Behaviour Research and Therapy*, *86*, 95-104.

Moitra, E., Herbert, J. D., & Forman, E. M. (2008). Behavioral avoidance mediates the relationship between anxiety and depressive symptoms among social anxiety disorder patients. *Journal of Anxiety Disorders*, *22*(7), 1205-1213.

Seo, D., Ahluwalia, A., Potenza, M. N., & Sinha, R. (2017). Gender differences in neural correlates of stress-induced anxiety. *Journal of Neuroscience Research*, *95*(1-2), 115-125.

Struck, N., Gärtner, T., Kircher, T., & Brakemeier, E. L. (2020). Social cognition and interpersonal problems in persistent depressive disorder vs. episodic depression: The role of childhood maltreatment. *Frontiers in Psychiatry*, *11*, 608-795.

World Health Organization. (1992). The ICD-10 classification of mental and behavioral disorders: Clinical descriptions and diagnostic guidelines. Geneva: World Health Organization.

# 研究四　青少年抑郁-焦虑共病及其与学习压力的网络分析

学习压力总是存在于各阶段的学生中,包括小学生到大学生(Fried, Epskamp, Nesse, Tuerlinckx, & Borsboom, 2016)。他们从入学开始就面临着各种升学考试、社会各界的期望以及对学习能力的自我认知的影响(龙安邦,范蔚,金心红,2013)。相比其他西方国家,我国学生群体中报告学习压力的研究更多。初中生55.5%的学生报告有学习压力,且与各种身心健康问题存在明显相关(路海东,2008),例如过高的学习压力影响睡眠质量(李晶华等,2007),导致抑郁或焦虑症状(陈丹等,2020;林琼芬等,2019;凌宇等,2021;朱慧全等,2016)。此外,学业失败导致青少年的自杀率上升,尤其是在考试成绩公布之后,且农村地区高于城市(Hashim, 2003; Kumar et al., 2019)。这些研究表明,学习压力是影响青少年心理健康的因素之一,且会引发严重的后果。

如研究一和研究二的描述,抑郁与焦虑存在共病。抑郁和焦虑症状的关系已经得到广泛的研究,学者们探索了它们的共病原因(Gurung et al., 2020),以及抑郁和焦虑与其他疾病的关系,如神经性厌食症、创伤后应激障碍(Beard et al., 2016;Levinson et al., 2017)。然而,很少有研究来探索学习压力与抑郁、焦虑的关系,更缺乏使用网络分析法来探索青少年学习压力和抑郁、焦虑症状特征的研究。本研究拟通过网络分析法来探索青少年的学习压力和抑郁、焦虑症状的特征及其之间的联系。

# 1. 研究对象与方法

## 1.1 研究对象

同研究一的抑郁-焦虑共病的研究对象。

## 1.2 测量工具

### 1.2.1 抑郁调查问卷(PHQ-9)

同研究一的测量工具。

### 1.2.2 广泛焦虑量表

同研究一的测量工具。

### 1.2.3 学习压力问卷

同研究一的测量工具。

## 1.3 数据统计学分析

同研究二的数据统计学分析。

# 2. 结 果

## 2.1 青少年抑郁-焦虑共病及其与学习压力的网络稳定性分析

抑郁、焦虑和学习压力网络的边权稳定性满足要求(见图3-17),当前网络的边权值为0.75,大于建议的0.5(Jones et al., 2019)。更大的边权置信区间意味着网络估计的准确性越高。此外,由于先前报告强度中心性指标具有更好的可重复性和稳定性(Epskamp et al., 2018),因此,这里我们更关注强度中心性指标。网络强度中心性指标的相关稳定系数为0.75,高于建议的临界值0.25(Epskamp et al., 2018)。

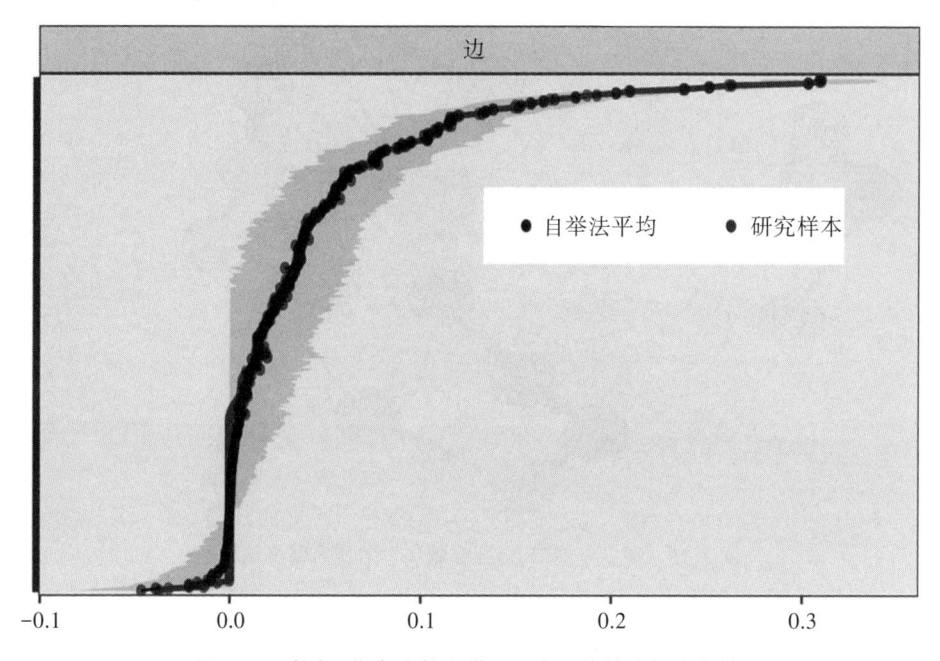

图3-17 抑郁、焦虑症状和学习压力网络的边权稳定性

注:置信区间越窄,边权值越准确。

## 2.2 青少年抑郁-焦虑共病及其与学习压力网络的中心性分析

青少年抑郁、焦虑症状和学习压力网络结构图请参见图3-18,强度和预期影响中心性请见图3-19。抑郁、焦虑和学习压力网络共包含了23个节点,在253条可能连接的边中有172条不为零。网络中强度中心性最高的症状包括:"失败感"D6($S$=1.42)、"自杀"D9($S$=1.42)。网络中预期影响中心性最高的症状同样为"失败感"(D6)(EI=1.94)。强度中心性差异测试结果显示,"失败感"的强度中心性估计值显著高于其他症状($p$<0.05)。这意味着青少年抑

郁-焦虑共病与学习压力的网络中的"失败感"最为相关。网络结构表明焦虑可能通过抑郁与学习压力相连接。

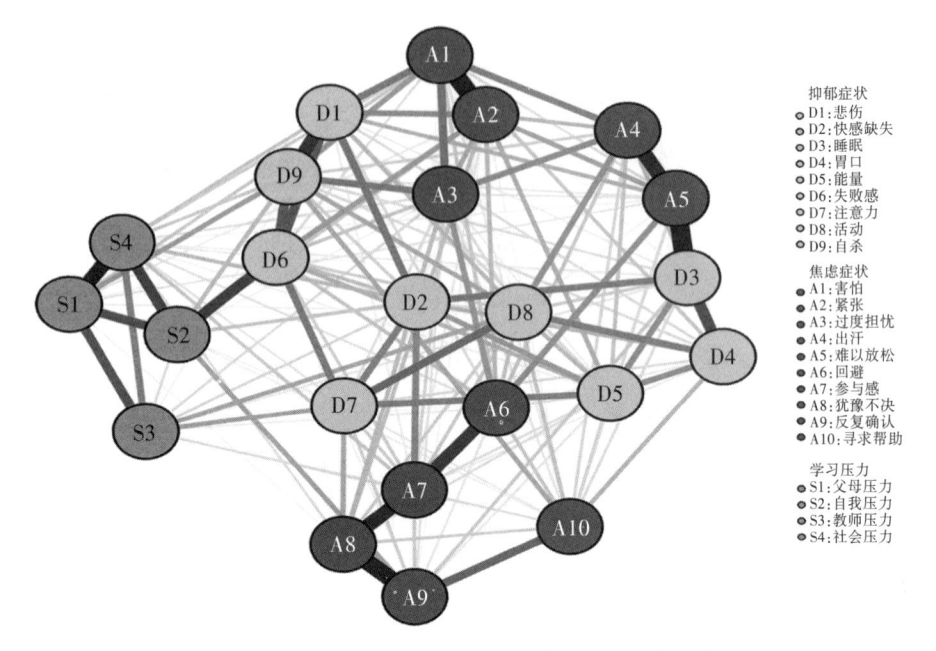

图3-18　青少年抑郁、焦虑症状和学习压力网络结构图

注：图中连线均为正相关，无负相关。连线越粗表示相关越强，连线越细表示相关越弱。

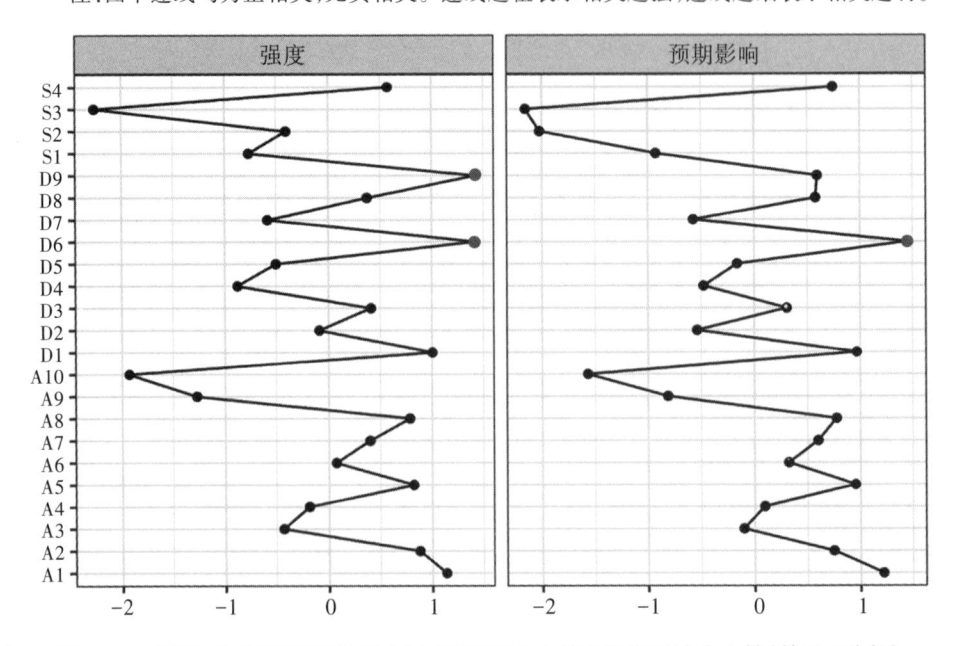

图3-19　抑郁、焦虑症状和学习压力网络强度中心性及预期影响中心性（基于$Z$分数）

## 2.3 青少年抑郁-焦虑共病及其与学习压力的桥症状分析

抑郁、焦虑和学习压力之间存在一些桥症状,中心性指标见图3-20。桥预期影响中心性最高的症状分别为:抑郁症状"失败感"(BEI=0.49)和焦虑症状"难以放松"(BEI=0.48)。这表明"失败感"和"难以放松"是本网络的桥症状,针对桥症状的干预可以有效防止症状之间的传播。

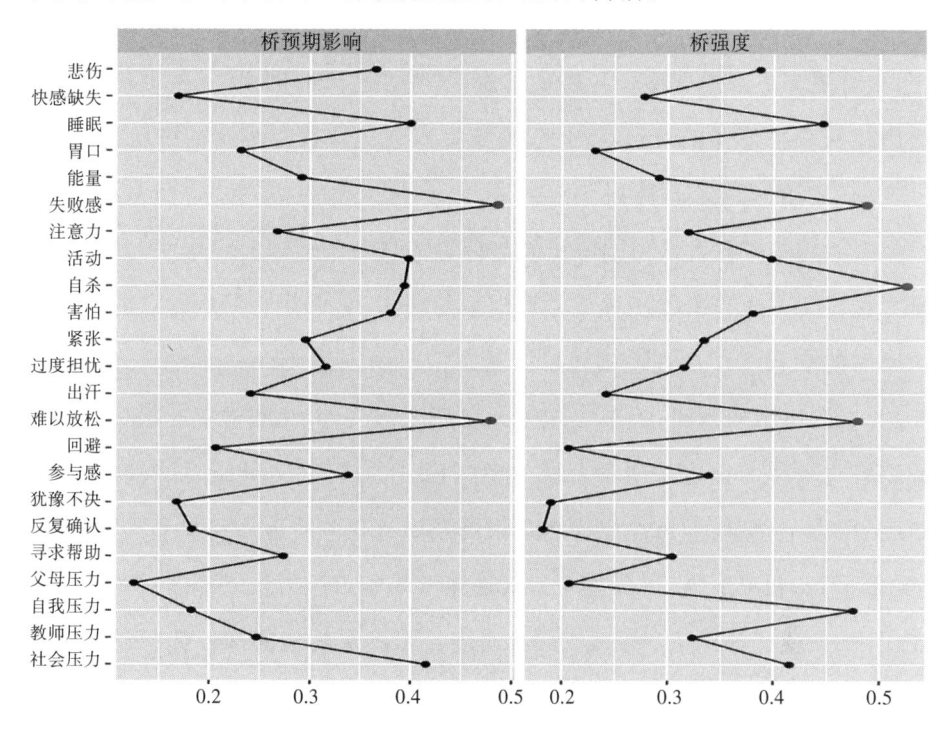

图3-20 抑郁、焦虑症状和学习压力网络的桥预期影响中心性(基于 $Z$ 分数)

# 3. 讨 论

本研究主要目的是通过网络分析法来探索学习压力与抑郁-焦虑共病的联系。在学习压力、抑郁和焦虑症状的网络中,共包含23个节点,在253个可能的边中有172条不为零,意味着网络中的节点联系密切。先前的研究已经探索了抑郁-焦虑的共病网络,这些网络包含抑郁的9个条目和焦虑的7个条目(Epskamp et al., 2018),以及强迫症状等其他症状与抑郁-焦虑的网络(Beard et al., 2016)。但本研究第一次在抑郁、焦虑的网络中加入学习压力因素,这些症状都具有相同的风险因素,如人际暴露。此外,本研究中所有症状的相关系数表明,这些症状之间存在很强的联系。网络中心性数据显示,抑郁症状"失败感"是网络中最为核心的症状,意味着"失败感"与其他节点相比,具有更多更强的联系。且桥症状表明"失败感"同样是比其他抑郁症状与焦虑症状联系最多的节点。因此,要有针对性地减轻青少年的失败感,防止出现进一步的精神心理障碍。

由于一些研究者认为学习压力与抑郁-焦虑症状是完全分开的,因此,本研究探讨学习压力中的一种或多种因素与抑郁-焦虑症状共病的可能。网络的所有的症状都存在直接或间接的联系,这与先前的研究一致(Cervin et al., 2020)。群组结构表明,抑郁症和焦虑症高度相关,因此网络中症状相互作用的路径也更多。这也表明学习压力中"自我压力"比"父母压力""教师压力""社会压力"与抑郁和焦虑症状的联系更强。从联系的边来看,"自我压力"与"失败感"的联系最强,可能是来自其他类型的学习压力最终都通过对自我形成压力,产生力不从心的失败感,从而进一步产生其他的抑郁症状。但是先前的研究没有发现其他因素与之联系的可能,因此,本研究结果提供了一种解释,自我压力可能作用于失败感进而与其他抑郁症状相互作用导致更为复杂的抑郁-焦虑共病。

抑郁症状和焦虑症状形成了联系紧密的群组,进一步支持了它们与潜在的一般症状的关联。这表明症状的有限分离代表了这些病症之间的高度共病。抑郁症状"睡眠"和焦虑症状"难以放松"的最强交叉诊断边,提示可能出现共病。但是,这些症状都在同一个紧密联系的群组中,这表明存在许多症状水平的路径,这些症状可以通过这些途径相互促进。这些作用机理需要通过探索因果机制和潜在的生物学因素才能弄清楚,因此下一步有必要进行更详细的研究。

这些结果对心理干预和治疗具有重要意义。这些症状的关联性凸显了对充分解决共病干预策略的需求。学习压力的群组结构也凸显了一种跨诊断方法的实用性。截然不同的群组需要进行干预,与之紧密联系的"自我压力"表明需要针对学习压力症状和情绪症状的干预方法。最后,抑郁-焦虑症状和学习压力群组的边缘密度低,这表明解决抑郁症状和焦虑症状可能无法解决学习压力症状。因此,针对学习压力特异性症状进行精准干预可能有益于转诊治疗。

本研究同样存在一些局限性。首先,与第二章相同的是,研究数据都来自横断的调查,而心理病理网络是动态变化的过程(Frewen et al., 2013)。其次是数据来源是普通中学生,这意味着结果可能无法推广到临床样本中。再次,调查仅使用了自我报告的调查,且为纸质版调查,可能使参与者不能完全真实地表达自己的感受。最后,在网络分析方法上,因为构建的是无向的网络,因此无法进行因果的推断。同时人们认为同类样本的网络分析边缘检测结果的重复性差(McNally et al., 2012)。这可能导致使用不同的调查工具和不同文化的参与群体。这些局限性限制了研究结果的推广。

## 4. 小　结

本研究使用了网络分析法,探索了学习压力症状与抑郁和焦虑症状之间的关系。对多个群组的检测有助于理解彼此之间最密切相关的症状。中心症状表明,"失败感"在网络中跨越各种群组,与一系列不同的症状之间起着联系。使用该网络分析法的未来研究者应检查来自干预结果的数据,以检验针对此类中心症状对干预治疗更有益的观点。这些结果还表明,可能有必要进行跨障碍群组的诊断和治疗以解决这些症状的共病。

# 参考文献

Beard, C., Millner, A. J., Forgeard, M. J., Fried, E. I., Hsu, K. J., Treadway, M. T., & Björgvinsson, T. (2016). Network analysis of depression and anxiety symptom relationships in a psychiatric sample. *Psychological Medicine*, *46*(16), 3359-3369.

Cervin, M., Lázaro, L., Martínez-González, A. E., Piqueras, J. A., Rodríguez-Jiménez, T., Godoy, A., & Storch, E. A. (2020). Obsessive-compulsive symptoms and their links to depression and anxiety in clinic- and community-based pediatric samples: A network analysis. *Journal of Affective Disorders*, *271*, 9-18.

Epskamp, S., Borsboom, D., & Fried, E. I. (2018). Estimating psychological networks and their accuracy: A tutorial paper. *Behavior Research Methods*, *50*(1), 195-212.

Epskamp, S., Waldorp, L. J., Mottus, R., & Borsboom, D. (2018). The gaussian graphical model in cross-sectional and time-series data. *Multivariate Behavioral Research*, *53*(4), 453-480.

Frewen, P. A., Schmittmann, V. D., Bringmann, L. F., & Borsboom, D. (2013). Perceived causal relations between anxiety, post-traumatic stress and depression: Extension to moderation, mediation, and network analysis. *European Journal of Psychotraumatology*, *4*.

Gurung, M., Chansatitporn, N., Chamroonsawasdi, K., & Lapvongwatana, P. (2020). Academic stress among high school students in a rural area of Nepal: A descriptive cross-sectional study. *Journal of Nepal Medical Association*, *58*(225), 306-309.

Hashim, I. H., Yang, Z. (2003). Cultural and gender differences in perceptions of stressors and coping skills: A study of western and african college students in China. *Stress & Health*, *24*(2), 182-203.

Kumar, B., Shah, M. A. A., Kumari, R., Kumar, A., Kumar, J., & Tahir, A. (2019). Depression, anxiety, and stress among final-year medical students. *Cureus*, *11*(3), e4257.

Levinson, C. A., Zerwas, S., Calebs, B., Forbush, K., Kordy, H., Watson, H., & Bulik, C. M. (2017). The core symptoms of bulimia nervosa, anxiety, and depression: A network analysis. *Journal of Abnormal Psychology*, *126*(3), 340-354.

McNally, Richard, J. (2012). The ontology of posttraumatic stress disorder: Natural kind, social construction, or causal system? *Clinical Psychology: Science and Practice*, *19*(3), 220-228.

陈丹, 权治行, 艾梦瑶, 宗春山, 许建农. (2020). 青少年心理健康状况及影响因素. 中国健康心理学杂志, 28(09), 1402-1409.

李晶华, 冯晓黎, 梅松丽, 姚东亮. (2007). 学习压力对初中生心理健康影响的调查. 医学与社会, 20(02), 56-57.

林琼芬, 黄若楠, 余平, 陈玉霞, 沈振敏. (2019). 中学生成就目标定向在学习压力源与睡眠质量间的作用. 中国学校卫生, 40(07), 1013-1016.

凌宇, 唐亚男, 滕雄程. (2021). 学习压力对农村留守中学生抑郁的影响: 乐观的调节与中介作用. 教育测量与评价, (03), 52-56.

龙安邦, 范蔚, 金心红. (2013). 中小学生学习压力的测度及归因模型构建. 教育学报, 9(01), 121-128.

路海东. (2008). 聚焦中国儿童学习压力: 困境与出路. 东北师大学报(哲学社会科学版), (06), 24-28.

朱慧全, 李巧, 王丽卿, 张荣, 王基鸿. (2016). 海口市中小学生抑郁症状及其影响因素分析. 中国学校卫生, 37(09), 1345-1347, 1350.

# 研究五　青少年抑郁-焦虑共病及其与虐待经历的网络分析

儿童青少年遭受虐待会带来严重的终身后果,包括增加终身身体和精神健康问题的风险。在全球范围内,多达四分之三(约3亿)的儿童经常受到父母和照顾者的身体惩罚或者心理暴力,五分之一的女性和十三分之一的男性报告在儿童时期遭受性虐待,尽管估计数不尽相同(WHO, 2020),遭受虐待在儿童青少年中大量存在。以往大多数有关儿童遭受虐待与精神健康问题之间联系的证据都来自成年人参加横断面研究的回顾性报告。Chandan及其同事进行的一项纵向研究,证据进一步地表明儿童遭受虐待增加了他们的心理健康问题(Forbes et al., 2017)。此外,基于病历的数据表明,与没有受到虐待记录的儿童相比,有遭受虐待记录的儿童更有可能被诊断出患有抑郁症、焦虑症或严重的精神疾病(定义为精神病、精神分裂症和躁郁症)。尽管女性中精神障碍的总发病率高于男性,但有记录的儿童虐待与后来诊断为抑郁、焦虑或严重精神疾病之间的关联在两性之间似乎相似。将所有形式的儿童虐待归为一类可能掩盖了性别和性别差异(Chandan et al., 2019)。其他的证据表明,某些形式的虐待,包括身体虐待和性虐待,在患病率和影响方面都存在差异(Oram, 2019)。

儿童青少年遭受虐待导致最为普遍的精神疾病是抑郁和焦虑症,虐待经历与抑郁和焦虑症状高度相关(Adams et al., 2018; Berber Çelik & Odacı, 2020; Fisher et al., 2009; Nelson et al., 2017)。然而,并非所有遭受过虐待的人都会经历这些精神疾病。了解儿童青少年遭受虐待或在儿童青少年时期经历过虐待的个体的潜在风险过程,对于识别该人群中抑郁和焦虑风险最大的个体,以及确定有意义的预防性干预的目标非常重要。经历过儿童期虐待的人对其致病因素也特别敏感。对青少年(Levin & Liu, 2021)和成年人

(McLaughlin et al.,2010)的研究发现,当暴露于压力时具有童年逆境史(包括遭受虐待)的人比没有逆境史的人更容易出现抑郁和焦虑症状。

尽管已经对青少年和成年人在儿童期遭受虐待进行了研究,但很少有研究从虐待事件与抑郁-焦虑的症状学角度进行研究。本研究拟通过网络分析来探索青少年时期遭受虐待和抑郁、焦虑症状的特征及其之间的联系。首先探讨了共病网络以调查虐待与抑郁和焦虑之间的内部症状的关系。此外,通过强度中心性指标评估了每种症状在并发症网络中的重要性,并通过使用桥强度中心性指标评估了促进从一个簇扩散到另一个簇的激活程度。

# 1. 研究对象与方法

## 1.1 研究对象

同研究一的抑郁-焦虑共病的研究对象。

## 1.2 测量工具

### 1.2.1 抑郁调查问卷(PHQ-9)

同研究一的测量工具。

### 1.2.2 广泛焦虑量表

同研究一的测量工具。

### 1.2.3 儿童虐待调查工具

同研究一的测量工具。

## 1.3 数据统计学分析方法

同研究二的数据统计学分析方法。

# 2. 结　果

## 2.1 青少年抑郁-焦虑共病及其与虐待的网络稳定性分析

基于95%的自举置信区间的结果显示，抑郁、焦虑症状和虐待网络的边权非常稳定（见图3-21），当前网络的边权值为0.75，大于建议的0.5（Jones et al., 2021）。更大的边权置信区间意味着网络估计的准确性越高。此外，由于先前报告的强度中心性指标具有更好的可重复性和稳定性（Epskamp et al., 2018），因此，这里我们更关注强度中心性指标。当前网络强度中心性指标的相关稳定系数为0.75，高于建议的临界值0.25（Epskamp et al., 2018）。

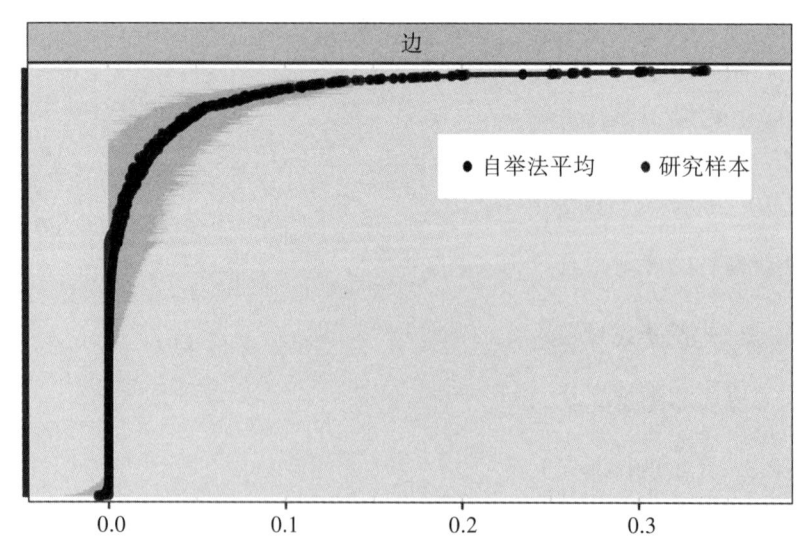

图3-21　抑郁、焦虑症状和虐待网络的边权稳定性

注：置信区间越窄，边权值越准确。

## 2.2 青少年抑郁-焦虑共病及其与虐待网络的中心性分析

青少年抑郁、焦虑症状和虐待网络结构见图3-22,强度和预期影响中心性见图3-23。抑郁、焦虑和虐待网络共包含了49个节点,在1176条边中有479条边不为零。边缘权重差异的显著性测试表明,网络中三个最粗的边缘明显强于大多数其他边缘,它们是"死亡"-"被遗弃""侮辱"-"丢脸"和"缺照顾"-"不重要感"。网络中强度中心性最高的症状包括:"抓、推、踢"Q22(S=1.73)、"不重要感"Q19(S=1.66)和"缺照顾"Q18(S=1.44)。这表明与其他节点相比,这些节点与其他症状具有更多、更强的联系。"偷窃"是网络中最不重要的节点。预期影响中心性最高的症状同样为"抓、推、踢"(EI=1.59)、"不重要感"(EI=1.75)和"缺照顾"(EI=1.53)。强度中心性差异测试结果显示"抓、推、踢""不重要感"和"缺照顾"的强度中心性估计值显著高于其他症状($p<0.05$)。

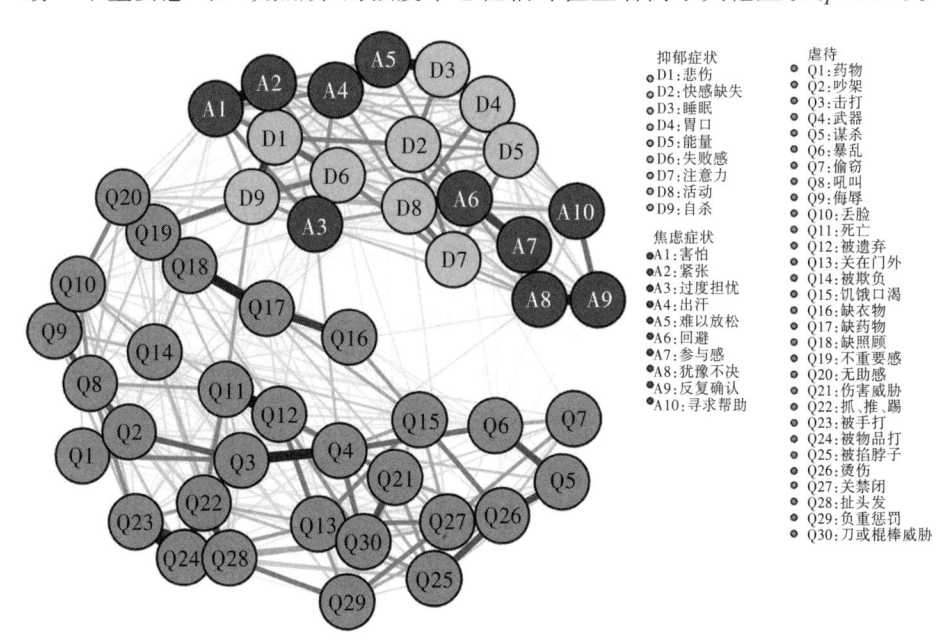

**图3-22 青少年抑郁、焦虑症状和虐待网络结构图**

注:图中连线均为正相关,无负相关。连线越粗表示相关越强,连线越细表示相关越弱。

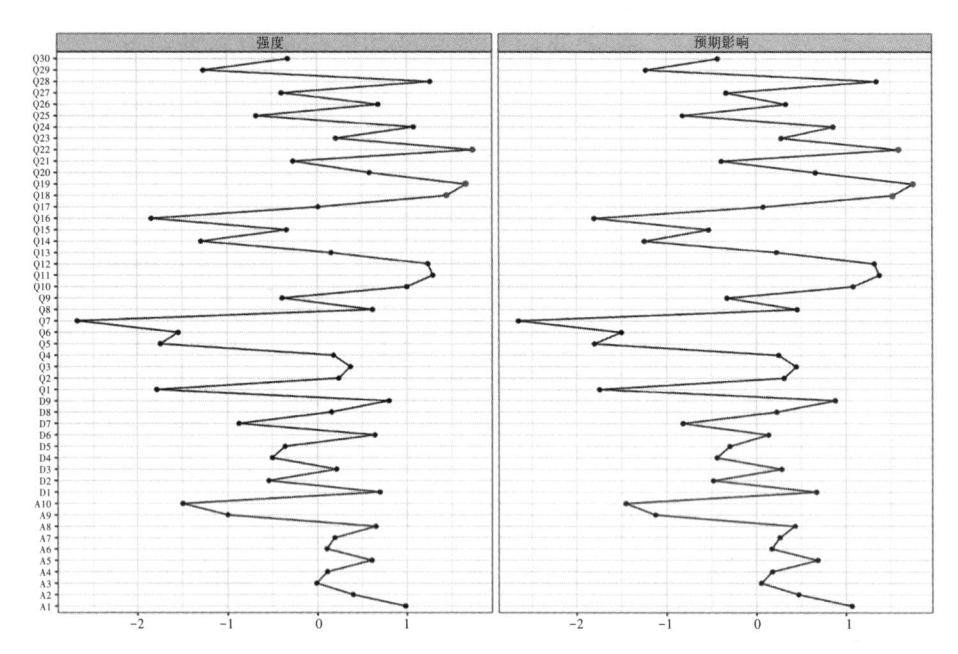

图3-23　抑郁、焦虑症状和虐待网络强度中心性及预期影响中心性（基于 $Z$ 分数）

## 2.3　青少年抑郁-焦虑共病及其与虐待网络的桥症状分析

抑郁、焦虑症状和虐待之间存在一些桥症状，中心性指标见图3-24。桥预期影响中心性最高的症状分别为："自杀"（BEI=0.54）和"难以放松"（BEI=0.48）。桥的强度中心性最高的症状同样为"自杀"（BS=0.54）和"难以放松"（BS=0.48）。此外，虐待事件"无助感"和"不重要感"的桥预期影响明显高于其他虐待事件，表明虐待事件可能通过"无助感"和"不重要感"扩散到抑郁症状。

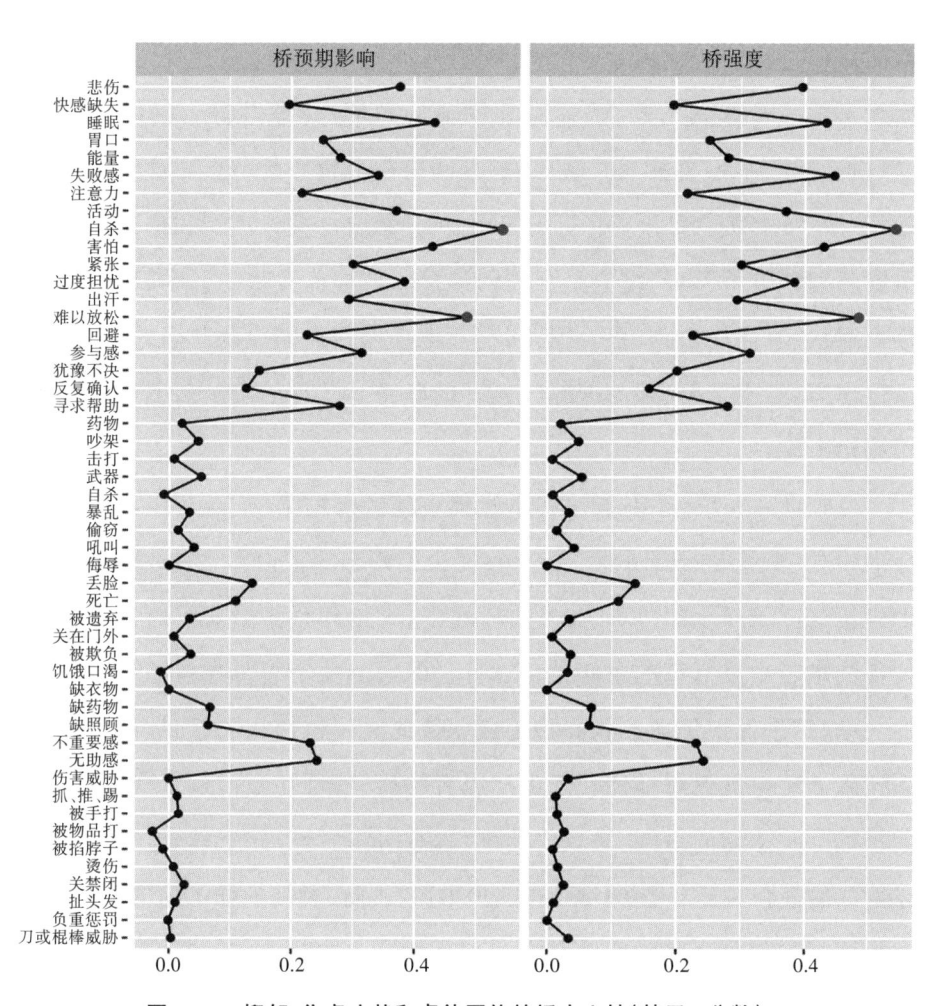

图 3-24 抑郁、焦虑症状和虐待网络的桥中心性(基于 $Z$ 分数)。

## 3. 讨 论

本研究采用网络方法探索了虐待经历与抑郁、焦虑症状之间的相互关系。在 49 个网络节点形成的 1176 条边中有 479 条边不为零。从网络结构可以看出,虐待和抑郁-焦虑症状有两个明显的簇,这意味着尽管是来自不同群组的症状,但是这些症状之间都存在直接或间接的联系。此外,抑郁和焦虑症状形成一个紧密的簇,表明存在明显的抑郁-焦虑共病。网络结果显示"抓、推、踢""不重要感"和"缺照顾"是网络中最核心的节点。这意味着这些症状与网络中其他症状具有更多、更强的连接性。关于虐待和抑郁症状,"不重要感"和"自杀"是网络中最牢固的连接。在抑郁症状中,"睡眠"问题也与焦虑症状"难以放松"联系。因此,在考虑抑郁和焦虑症状共病的同时,还应该考虑虐待"不重要感"与抑郁"自杀"的联系。这可能暗示焦虑通过抑郁与虐待相连接。

当前研究发现,感到害怕和紧张集中地嵌入网络中,这与焦虑症的诊断标准相对应,焦虑的诊断标准要求存在突如其来的害怕和恐惧或感到紧张焦虑(Epskamp et al., 2018)。在先前研究中,害怕和紧张也显示出在临床重度抑郁的患者中具有高的中心性(Crocq, 2017)。关于虐待与焦虑和抑郁之间的关系,结果发现焦虑症状和抑郁症状彼此之间密切相关,而抑郁与虐待联系较强。这与最近对抑郁和焦虑症患者的研究不同,他们还发现"难以控制的担忧"和"悲伤的情绪"是主要的症状,且"活动"和"缺乏休息"是抑郁和焦虑网络的最强桥症状(Park & Kim, 2020)。然而,对其他样本的研究发现,关于焦虑与抑郁症之间的联系存在类似的模式(Kaiser et al., 2021),但把不同的症状纳入抑郁和焦虑网络时,这些最中心的症状往往有所变化(Barthel et al., 2020; Levinson et al., 2017; Phua et al., 2020),这可能意味着这些新纳入的变量对抑郁和焦虑网络有不同的影响。

总体而言,虐待与抑郁和焦虑症状存在密切相关。先前的研究工作可能忽略了将青少年遭受的虐待因素与精神疾病相互影响的症状联系起来。尽管文献得出的结论是青少年虐待经历者易患精神疾病,例如抑郁症或创伤后应激障碍,但网络视角可能使我们了解青少年虐待经历者为何易患精神疾病,即虐待经历中可能存在导致某些疾病的事件。重度抑郁症状继而可以触发其他症状,并最终发展为与重度抑郁诊断标准相对应的症状网络(Guloksuz et al., 2017; Zeanah & Humphreys, 2018）。该假设反映在本研究结果中,表明"不重要感"与"自杀"之间,"睡眠"与"难以放松"之间存在密切相关。但需要注意的是,横断面设计使我们无法得出关于这些关系的任何潜在的因果性质的结论。

在虐待事件中,身体虐待"抓、推、踢"具有最强的中心性。这与先前的调查研究一致,后者表明青少年遭受的虐待中身体虐待常常作为心理问题的预测因子,遭受身体虐待的儿童受害者在以后的生活中更有可能经历心理病理学检查。专门评估儿童遭受的身体虐待的研究发现,虐待和青春期与成年期的抑郁和焦虑有关(Lansford et al., 2002)。这证实了先前的研究,暴露于暴力社会中的儿童和青少年调节了社会因素对抑郁、焦虑和生活质量的影响(Springer et al., 2007)。这意味着良好的社会环境(非暴力暴露)有利于儿童青少年的心理健康发展,而暴露于社区暴力对青少年健康有不利影响(Córdoba et al., 2020)。未来的研究可以通过从青少年的社会心理健康的网络角度研究其他方面的关系(例如关系满意度、亲密感、自我效能感)来进一步探索相互影响的作用。

网络方法的一个关键假设是,通过识别并随后干预网络中的关键节点或连接,就可以改善网络中的结构。也就是说,对网络结构的某些方面进行干预可以使网络恢复到更健康的状态(例如,没有焦虑或抑郁的状态)。为了保证治疗成功,干预者似乎可以针对网络中的(中心)节点或节点之间的特定关系进行精准的干预。但是,为了治疗的准确性,我们需要研究个体患者的动态网络,而不是群体水平的网络(Borsboom & Cramer, 2013; Fausiah, Turnip, & Hauff, 2019)。因为个体之间存在差异,同时心理病理网络是动态变化的过程,而不是一成不变的(Borsboom, 2017)。未来个体动态网络的研究可以提供有关哪些症状、哪些虐待事件在特定个体的抑郁和焦虑网络中起关键作用的信息,从而告知干预者应该从哪些节点和连接进行干预。这样的干预方案可能只适用于他或她,但治疗效果更好。鉴于当前的发现,"不重要感"、

"缺照顾""自杀"和"难以放松"将是未来研究中主要探索的候选对象。

本研究使用网络分析方法探索青少年虐待事件与抑郁和焦虑的关键症状之间是如何联系的。此外,根据使用的问卷在临床实践中的重要性进行选择,我们能够分析估计网络的稳定性,并确定某些症状与青少年遭受虐待事件之间的重要程度和紧密程度之间的差异。除了这些优点之外,还存在一些限制。该研究样本由在校中学生组成,因此,研究结果不能推广到临床患者。另外,尽管网络模型估计在特定时刻的症状和因素如何相互关联,但是在多个时间点观察时,此类变量之间的关联可能会有所不同。重要的是,主体间的横断面设计允许估计条件相关关系,该条件相关关系与关于这些关系的因果假设相一致,但不足以作为因果关系的依据。此外,就像任何横断面模型一样(无论是网络模型还是因子模型),横断面结果都无法轻易地推广到个人(McNally et al., 2012)。因此,未来的研究可能会采用时间序列设计,以便进行个体的动态网络估计。

## 4. 小　结

本研究使用了网络分析方法,探索了虐待事件与抑郁和焦虑症状之间的联系。在当前的网络中发现,虐待事件中"不重要感""缺照顾"和"抓、推、踢"是最主要的症状。根据本研究,已证明焦虑症状"难以放松"和抑郁症状"自杀"在网络中具有最高的桥中心性,这表明针对这些中心性节点的干预可能有助于减少青少年虐待经历向抑郁和焦虑症状的传播,同时核心症状为青少年抑郁和焦虑的诊断和治疗提供了支持,为遭受虐待的青少年的父母和监护人在教养上提供指导。

# 参考文献

Adams, J., Mrug, S., & Knight, D. C. (2018). Characteristics of child physical and sexual abuse as predictors of psychopathology. *Child Abuse & Neglect*, *86*, 167–177.

Barthel, A. L., Pinaire, M. A., Curtiss, J. E., Baker, A. W., Brown, M. L., Hoeppner, S. S., & Hofmann, S. G. (2020). Anhedonia is central for the association between quality of life, metacognition, sleep, and affective symptoms in generalized anxiety disorder: A complex network analysis. *Journal of Affective Disorders*, *277*.

Berber Çelik, Ç., & Odacı, H. (2020). Does child abuse have an impact on self-esteem, depression, anxiety and stress conditions of individuals? *International Journal of Social Psychiatry*, *66*(2), 171–178.

Borsboom, D. (2017). A network theory of mental disorders. *World Psychiatry*, *16*(1), 5–13.

Borsboom, D., & Cramer, A. O. (2013). Network analysis: An integrative approach to the structure of psychopathology. *Annual Review of Clinical Psychology*, *9*, 91–121.

Chandan, J. S., Thomas, T., Gokhale, K. M., Bandyopadhyay, S., Taylor, J., & Nirantharakumar, K. (2019). The burden of mental ill health associated with childhood maltreatment in the UK, using the health improvement network database: A population-based retrospective cohort study. *Lancet Psychiatry*, *6*(11), 926–934.

Córdoba, R., Gómez-Baya, D., López-Gaviño, F., & Ibáñez-Alfonso, J. A. (2020). Mental health, quality of life and violence exposure in low-socioeconomic status children and adolescents of Guatemala. *International Journal of Environmental Research and Public Health, 17(20).

Crocq, M. A. (2017). The history of generalized anxiety disorder as a diagnostic category. *Dialogues in Clinical Neuroscience*, *19*(2), 107-116.

Epskamp, S., Borsboom, D., & Fried, E. I. (2018). Estimating psychological networks and their accuracy: A tutorial paper. *Behavior Research Methods* *50*(1), 195-212.

Epskamp, S., Waldorp, L. J., Mottus, R., & Borsboom, D. (2018). The gaussian graphical model in cross-sectional and time-series data. *Multivariate Behavioral Research*, *53*(4), 453-480.

Fausiah, F., Turnip, S. S., & Hauff, E. (2019). Community violence exposure and determinants of adolescent mental health: A school-based study of a post-conflict area in Indonesia. *Asian Journal of Psychiatry*, *40*, 49-54.

Fisher, H., Morgan, C., Dazzan, P., Craig, T. K., Morgan, K., Hutchinson, G., & Fearon, P. (2009). Gender differences in the association between childhood abuse and psychosis. *The British Journal of Psychiatry*, *194*(4), 319-325.

Forbes, M. K., Wright, A. G. C., Markon, K. E., & Krueger, R. F. (2017). Evidence that psychopathology symptom networks have limited replicability. *Journal of Abnormal Psychology*, *126*(7), 969-988.

Guloksuz, S., Pries, L. K., & van Os, J. (2017). Application of network methods for understanding mental disorders: Pitfalls and promise. *Psychological Medicine*, *47*(16), 2743-2752.

Jones, P. J., Ma, R., & McNally, R. J. (2021). Bridge centrality: A network approach to understanding comorbidity. *Multivariate Behavioral Research*, *56*(2), 353-367.

Kaiser, T., Herzog, P., Voderholzer, U., & Brakemeier, E. L. (2021). Unraveling the comorbidity of depression and anxiety in a large inpatient sample: Network analysis to examine bridge symptoms. *Depression and Anxiety*, *38*(3), 307–317.

Lansford, J. E., Dodge, K. A., Pettit, G. S., Bates, J. E., Crozier, J., & Kaplow, J. (2002). A 12-year prospective study of the long-term effects of early child physical maltreatment on psychological, behavioral, and academic problems in adolescence. *Archives of Pediatrics and Adolescent Medicine*, *156*(8), 824–830.

Levin, R. Y., & Liu, R. T. (2021). Life stress, early maltreatment, and prospective associations with depression and anxiety in preadolescent children: A six-year, multi-wave study. *Journal of Affective Disorders*, *278*, 276–279.

Levinson, C. A., Zerwas, S., Calebs, B., Forbush, K., Kordy, H., Watson, H., & Bulik, C. M. (2017). The core symptoms of bulimia nervosa, anxiety, and depression: A network analysis. *Journal of Abnormal Psychology*, *126*(3), 340–354.

McLaughlin, K. A., Conron, K. J., Koenen, K. C., & Gilman, S. E. (2010). Childhood adversity, adult stressful life events, and risk of past-year psychiatric disorder: A test of the stress sensitization hypothesis in a population-based sample of adults. *Psychological Medicine*, *40*(10), 1647–1658.

McNally, Richard, J. (2012). The ontology of posttraumatic stress disorder: Natural kind, social construction, or causal system? *Clinical Psychology: Science and Practice*, *19*(3), 220–228.

McNally, R. J. (2016). Can network analysis transform psychopathology? *Behaviour Research and Therapy*, *86*, 95–104.

Nelson, J., Klumparendt, A., Doebler, P., & Ehring, T. (2017). Childhood maltreatment and characteristics of adult depression: Meta-analysis. *The British*

*Journal of Psychiatry*, *210*(2), 96-104.

Oram, S. (2019). Child maltreatment and mental health. *Lancet Psychiatry*, *6*(11), 881-882.

Park, S. C., & Kim, D. (2020). The centrality of depression and anxiety symptoms in major depressive disorder determined using a network analysis. *Journal of Affective Disorders*, *271*, 19-26.

Phua, D. Y., Chen, H., Chong, Y. S., Gluckman, P. D., Broekman, B. F. P., & Meaney, M. J. (2020). Network analyses of maternal pre- and post-partum symptoms of depression and anxiety. *Frontiers in Psychiatry*, *11*, 785.

Springer, K. W., Sheridan, J., Kuo, D., & Carnes, M. (2007). Long-term physical and mental health consequences of childhood physical abuse: Results from a large population-based sample of men and women. *Child Abuse & Neglect*, *31*(5), 517-530.

van Borkulo, C. D., Borsboom, D., & Schoevers, R. A. (2016). Group-level symptom networks in depression-reply. *JAMA Psychiatry*, *73*(4), 411-412.

Zeanah, C. H., & Humphreys, K. L. (2018). Child abuse and neglect. *Journal of the American Academy of Child & Adolescent Psychiatry*, *57*(9), 637-644.

# 研究六　青少年抑郁-焦虑共病关系：链式多重中介分析

先前研究表明青少年存在普遍的抑郁-焦虑共病（Groen et al., 2020），在前面的研究中发现青少年抑郁-焦虑共病还与社会风险因素存在紧密联系，这些联系会影响抑郁-焦虑共病的症状。但还不清楚青少年抑郁-焦虑共病与社会风险因素是如何联系的、社会风险因素是如何影响抑郁-焦虑共病的，以及是抑郁导致焦虑还是焦虑导致抑郁。因此，我们通过中介效应分析来尝试回答这些问题。

从网络分析结果可以发现青少年抑郁-焦虑共病与许多社会影响因素存在关联，例如社交焦虑、学习压力和虐待。然而我们很难得知抑郁-焦虑共病是如何受到这些因素的影响的。因此，为了进一步探索抑郁-焦虑共病与社会影响因素的作用机制，我们假设了两个中介模型，模型A和模型B，分别以抑郁和焦虑作为自变量和因变量进行验证。具体模型见图3-25。

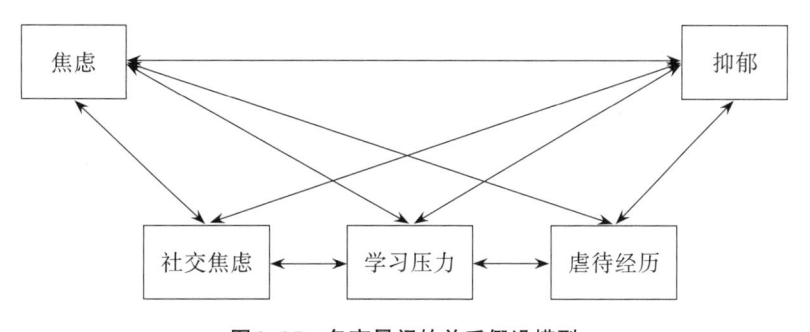

图3-25　各变量间的关系假设模型

# 1. 研究对象与方法

## 1.1 研究对象

同研究一的研究对象。

## 1.2 测量工具

### (1) 抑郁调查问卷 (PHQ-9)

同研究一的测量工具。

### (2) 广泛焦虑量表

同研究一的测量工具。

### (3) 社交焦虑量表

同研究一的测量工具。

### (4) 儿童虐待调查工具

同研究一的测量工具。

### (5) 学习压力问卷

同研究一的测量工具。

## 1.3 数据分析方法

使用 EXCEL 软件、SPSS 25.0、R 4.0.0 和 Mplus 8.3 对数据进行整理分析。使用 EXCEL 软件进行数据预处理,包括计算总分、平均数等;使用 SPSS 25.0 进行共同方法偏差检验及描述性统计分析;使用 R 4.0.0 计算相关关系;使用 Mplus 8.3 构建结构方程模型并检验其中介效应。

## 2. 结　果

### 2.1　共同方法偏差检验

由于调查数据均来自参与者的自我报告,可能存在共同方法偏差。因此,采用 Harman 单因子检验方法检验所有变量是否存在共同方法偏差,结果显示,未经旋转的特征根大于 1 的因子有 15 个,共解释总方差 52.81% 的变异,且第一个因子解释变异率为 18%,不超过建议的 40% 的临界值。因此,本研究中不存在共同方法偏差。

### 2.2　各变量相关分析结果

对 4411 名抑郁-焦虑共病青少年数据的描述分析结果显示,男生 1760 名,女生 2651 名。年龄 11 岁 434 名,12 岁 547 名,13 岁 696 名,14 岁 772 名,15 岁 895 名,16 岁 634 名,17 岁 433 名。各变量相关分析结果见表 3-3。

表 3-3　各变量的相关分析结果

|  | 虐待经历 | 学习压力 | 社交焦虑 | 焦虑 |
| --- | --- | --- | --- | --- |
| 学习压力 | 0.41** | | | |
| 社交焦虑 | 0.31** | 0.36** | | |
| 焦虑 | 0.39** | 0.36** | 0.59** | |
| 抑郁 | 0.42** | 0.36** | 0.54** | 0.70** |

注:**表示 $p<0.01$。

### 2.3　青少年抑郁-焦虑共病:链式多重中介模型检验

首先进行共线性诊断分析(徐嘉骏等,2010),抑郁-焦虑共病模型结果显示所有的容忍值(0.75,0.63,0.76,0.68)均大于 0.10;方差膨胀系数 *VIF* 值

（1.34,1.58,1.31,1.45）均小于10。焦虑-抑郁共病模型结果显示容忍值（0.76,0.59,0.76,0.62）均大于0.10；方差膨胀系数 VIF 值（1.31,1.67,1.31,1.60）均小于10。它们不存在多重共线性问题。

各变量间相关系数显著,符合中介效应检验的前提。将性别和年龄作为控制变量,分别将焦虑和抑郁作为自变量和因变量,学习压力、社交焦虑和广泛焦虑作为中介变量进行链式多重中介模型检验。模型中所有路径系数均显著,结果如图3-26所示。

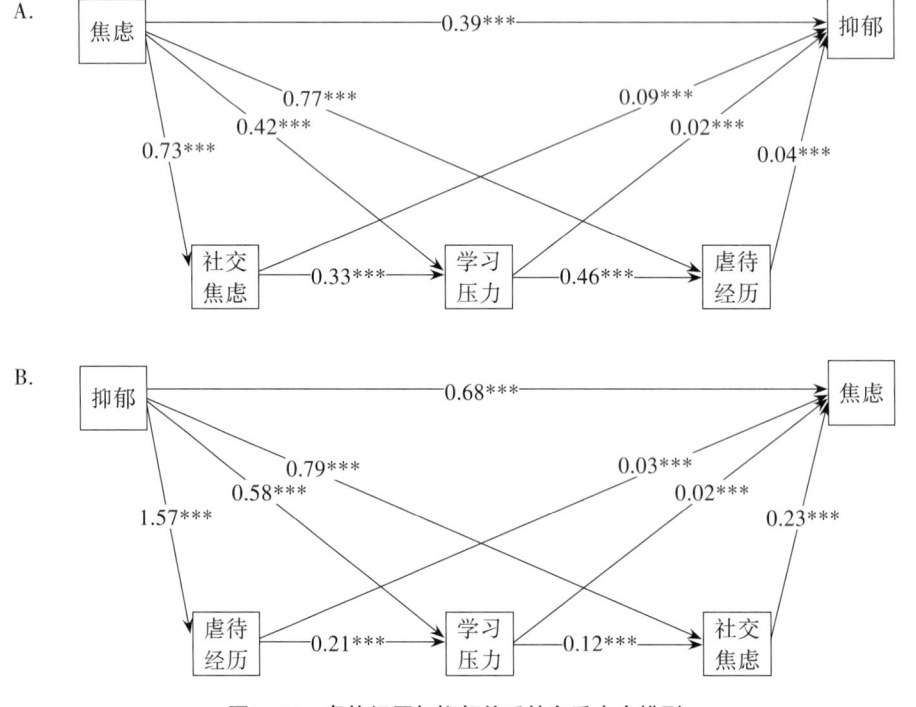

图3-26 虐待经历与抑郁关系的多重中介模型

注：图A为焦虑-抑郁模型,图B为抑郁-焦虑模型。

采用偏差矫正的百分位 Bootstrap 法（自举法平均）进行95%置信区间的中介效应检验,从原始样本中反复随机抽取5000个样本用于模型拟合。结果显示,各路径的95%置信区间均不包含零,表明各路径效应显著,具体路径效应值见表3-4和3-5。

表3-4  学习压力、社交焦虑和虐待在青少年焦虑和抑郁间的中介效应分析

| 路径 | 间接效应值 | Boot标准误 | 95%置信区间下限 | 95%置信区间上限 |
|---|---|---|---|---|
| 路径1.焦虑-社交焦虑-抑郁 | 0.069 | 0.008 | 0.054 | 0.085 |
| 路径2.焦虑-学习压力-抑郁 | 0.010 | 0.002 | 0.005 | 0.015 |
| 路径3.焦虑-虐待经历-抑郁 | 0.028 | 0.003 | 0.022 | 0.035 |
| 路径4.焦虑-社交焦虑-学习压力-抑郁 | 0.006 | 0.001 | 0.003 | 0.009 |
| 路径5.焦虑-学习压力-虐待经历-抑郁 | 0.007 | 0.001 | 0.005 | 0.009 |
| 路径6.焦虑-社交焦虑-学习压力-虐待经历-抑郁 | 0.004 | 0.001 | 0.003 | 0.006 |
| 焦虑-抑郁总间接效应值 | 0.124 | 0.009 | 0.107 | 0.146 |

表3-5  学习压力、社交焦虑和虐待在青少年抑郁和焦虑间的中介效应分析

| 路径 | 间接效应值 | Boot标准误 | 95%置信区间下限 | 95%置信区间上限 |
|---|---|---|---|---|
| 路径1.抑郁-虐待经历-焦虑 | 0.044 | 0.008 | 0.029 | 0.060 |
| 路径2.抑郁-学习压力-焦虑 | 0.014 | 0.004 | 0.006 | 0.023 |
| 路径3.抑郁-社交焦虑-焦虑 | 0.184 | 0.012 | 0.161 | 0.210 |
| 路径4.抑郁-虐待经历-学习压力-焦虑 | 0.008 | 0.002 | 0.003 | 0.013 |
| 路径5.抑郁-学习压力-社交焦虑-焦虑 | 0.017 | 0.002 | 0.013 | 0.021 |
| 路径6.抑郁-虐待经历-学习压力-社交焦虑-焦虑 | 0.010 | 0.001 | 0.007 | 0.012 |
| 抑郁-焦虑总间接效应值 | 0.277 | 0.015 | 0.248 | 0.308 |

在模型A中，从焦虑到抑郁的直接效应值为0.39，总中介效应值为6条中介路径的效应值之和，即0.12，总效应值为直接效应值加总中介效应值，即0.51（温忠麟，张雷，侯杰泰等，2004）。中介效应分析结果显示，青少年焦虑到抑郁的直接效应和间接效应均显著，中介效应在总效应中的占比为23.53%，即焦虑到抑郁的效应有23.53%是通过社交焦虑、学习压力和虐待经历的多重中介起作用的。六条路径的效应值占总效应值的比例分别为13.53%，1.96%，5.49%，1.17%，1.37%和0.78%。

在模型 B 中，从抑郁到焦虑的直接效应值为 0.68，总中介效应值为 0.28，总效应值为 0.96。中介效应分析结果显示，青少年抑郁到焦虑的直接和间接效应均显著，中介效应在总效应中的占比为 29.17%，即抑郁到焦虑的效应有 29.17% 是通过虐待经历、学习压力和社交焦虑的多重中介起作用的。六条边的效应值占总效应值的比例分别为 4.58%，1.46%，19.17%，0.83%，1.77%，1.04%。

## 3. 讨　论

### 3.1　青少年学习压力、社交焦虑和虐待经历在青少年焦虑和抑郁间的双向中介作用

为进一步探索抑郁-焦虑共病的机制，本研究假设了两个模型。模型 A 假设焦虑通过社交焦虑、学习压力和虐待经历导致与抑郁的共病；模型 B 则为相反路径。中介效应检验结果显示所有的路径效应均显著，存在双向中介作用，即抑郁与焦虑存在直接的连接（共病），且同时通过其他社会风险间接影响彼此。这个研究结果支持了抑郁-焦虑共病的观点，同时验证了先前网络分析中抑郁-焦虑共病与其他社会风险因素联系紧密的原因。

从中介效应系数来看，抑郁-焦虑的总效应为 0.96，而焦虑-抑郁的总效应为 0.51。且抑郁-焦虑的直接效应也大于焦虑-抑郁的直接效应。这意味着相比焦虑导致抑郁，抑郁可能更多地导致焦虑。有研究分析了干预措施对儿童青少年抑郁和焦虑的治疗特异性，结果表明针对焦虑的靶点治疗对焦虑和抑郁都产生了显著的效果，但对焦虑的影响大于对抑郁的影响。对抑郁的靶点进行治疗同样对抑郁和焦虑产生了显著的效果，但对抑郁的影响显著大

于对焦虑的影响,表明抑郁和焦虑治疗存在交叉效应和治疗特异性(Garber et al.,2016)。我们的研究结果在某种程度上支持了该观点,即抑郁-焦虑存在双向作用,因此以其中某一症状作为治疗靶点会同时影响两个症状。

此外,从直接效应值来看,抑郁更容易预测焦虑的发生,意味着存在抑郁症状的青少年更可能存在焦虑症状。这不同于先前研究中约有85%的抑郁症患者患有焦虑症,而90%的焦虑症患者患有抑郁症的结果(Tiller,2012)。但与约70%的焦虑症发病早于抑郁症的结果不谋而合。因此我们推测青少年抑郁-焦虑共病更可能是由焦虑症状引起抑郁症状。因此,未来研究应该设计治疗方案以验证此假设。

## 3.2 研究贡献、局限性以及未来展望

本研究深入探讨了青少年抑郁-焦虑共病的关系,验证了学习压力、社交焦虑和虐待经历在二者之间的双向多重中介作用,不仅为青少年抑郁-焦虑共病的潜在作用机制提供了理论支持,也为预防青少年抑郁-焦虑共病提供了思路和方向。以往研究对青少年抑郁-焦虑共病的关注较少,而我国儿童青少年抑郁-焦虑共病是普遍存在的,探究青少年遭受虐待的经历对预防和保护青少年具有实际意义。研究结果为制定新的政策提供支持,也为父母改善教育方式提供指导。父母应该改变传统的身体管教方式,采用与儿童青少年共同参与的教育方式可能促进儿童的学习和发展。

本研究仍存在局限,应该在未来的研究中进一步完善。首先,本研究是横断面的调查,因此结果无法做因果推断。尤其在广泛焦虑和抑郁之间可能是双向或同时作用的,因此,未来应该进一步探索其纵向关系。其次,研究数据虽然是大样本的调查,但没有纳入全部的地域样本,在众多地域文化的中国,可能限制了其结果的推广。例如发达地区与农村次发达地区在家庭教养方式上可能存在差异,因此对虐待也可能表现出不同的类型。未来应该采用全国的大样本抽样调查来证实。再次,本研究虽然得出一些结果,但并未在

临床中验证结果的可靠性,因此,未来的研究有必要对结果靶点进行干预效果的验证。最后,考虑到调查工具的适用性,本研究排除了不符合年龄的参与者数据,尽管这符合理论要求,但是仍可能丢失了许多有用的信息,对此,未来可以探索处于年龄临界点边缘的数据有效性,以改善调查工具的适用范围。

## 4.小　结

青少年学习压力、社交焦虑和虐待经历在青少年焦虑和抑郁间起双向中介作用。表明青少年存在抑郁-焦虑共病,且焦虑更容易导致抑郁症状。此外,不同社会风险因素对青少年抑郁-焦虑共病起着不同程度的中介作用。

## 参考文献

Groen, R. N., Ryan, O., Wigman, J. T. W., Riese, H., Penninx, B., Giltay, E. J., & Hartman, C. A. (2020). Comorbidity between depression and anxiety: Assessing the role of bridge mental states in dynamic psychological networks. *BMC Medicine*, *18*(1), 308.

Garber, J., Brunwasser, S., Zerr, A., Schwartz, K., Sova, K., & Weersing, V. (2016). Treatment and prevention of depression and anxiety in youth: Test of cross-over effects. *Depression and Anxiety*, *33*(10), 939-959.

Tiller, J. W. (2012). Depression and anxiety. *The Medical Journal of Australia*, *199*(6), S28-S31.

温忠麟,张雷,侯杰泰,刘红云.(2004).中介效应检验程序及其应用.心理学报,36(05),614-620.

徐嘉骏,曹静芳,崔立中,朱鹏.(2010).中学生学习压力问卷的初步编制.中国学校卫生,31(01),68-69.

# 全文总结

### 1.抑郁-焦虑共病青少年是特殊群体

青少年在成长过程中更容易出现心理问题,本研究结果表明,青少年抑郁-焦虑共病发生率为34.81%,共病率极高,具有普遍性。共病的出现意味着比青少年只出现其中一种症状更为严重和复杂。虽然青少年抑郁-焦虑共病常常是首发,且初期程度较低,但得不到及时的干预可能导致更为严重的共病。这表明青少年抑郁-焦虑共病个体具有特异性,因此,针对青少年的早期筛查和干预变得尤为重要。

### 2.青少年抑郁-焦虑共病与社会心理因素网络具有较高的稳定性

本研究构建的四个抑郁-焦虑共病及其与社会因素的网络中节点的边权稳定性和强度中心性指标均为0.75,网络具有较高的稳定性。此外,网络中所有节点彼此连接的边与可能连接边的比均大于50%,表明网络中节点的联系紧密。其中抑郁-焦虑共病网络中的边连接为78%,表明抑郁和焦虑症状存在明显的共病。

### 3.青少年抑郁-焦虑共病的核心症状和桥症状具有十分重要的意义

核心症状指强度中心性或预期影响中心性值最大的症状,核心症状表明在网络中该症状具有最重要的作用,对该症状进行干预可有效缓解网络中的症状。本研究发现在不同的网络中核心症状有所不同,意味着在不同抑郁-焦虑共病的网络中应该采用针对性的干预靶点。例如抑郁-焦虑共病网络中核心症状为"悲伤"和"害怕";抑郁-焦虑共病和社交焦虑网络中为"社交回避"和"社交紧张";抑郁-焦虑共病和学习压力网络中为"失败感"和"自杀";抑郁-焦虑共病和虐待经历网络中为"推、抓、踢""不重要感"和"缺照顾"。

桥症状指联系两种精神疾病的症状,针对桥症状的干预可有效防止疾病间症状的扩散。本研究发现在不同的网络中存在桥症状,青少年抑郁-焦虑共病网络中为"难以放松"和"睡眠";青少年抑郁-焦虑共病与社交焦虑网络中为"难以放松"和"寻求帮助";青少年抑郁-焦虑共病与学习压力网络中为"难以放松""自杀"和"失败感";青少年抑郁-焦虑共病与虐待经历网络中为"难以放松"和"自杀"。这些症状可以作为有效防止共病的干预靶点。

### 4.青少年抑郁-焦虑共病及其社会心理风险因素具有双向多重链式中介效应

本书研究提出了两个假设模型来验证抑郁-焦虑共病的关系,结果发现社会风险因素学习压力、社交焦虑和虐待经历在抑郁和焦虑间存在双向中介作用。且抑郁到焦虑的中介效应值大于焦虑到抑郁的效应值。这表明焦虑症状的发生先于抑郁症状,尽管研究结果不代表因果关系。此外,还发现抑郁-焦虑的共病可通过社会风险因素作用于彼此。

### 5.青少年抑郁-焦虑共病及其与社会影响因素的网络对比分析

本书分别从研究三到研究六对比了青少年抑郁-焦虑共病网络、青少年抑郁-焦虑共病及其与社交焦虑网络、青少年抑郁-焦虑共病及其与学习压力网络以及青少年抑郁-焦虑共病及其与虐待网络。结果发现各个网络的中心症状有所不同,在抑郁和焦虑共病网络中"悲伤"和"害怕"为最核心的症状,加入社交焦虑、学习压力和虐待经历等社会因素后核心症状发生了改变。这表明,这些社会影响因素对青少年抑郁-焦虑共病起着不同程度的影响。从分析桥症状的结果来看,焦虑症状"难以放松"在所有网络中都是桥症状。这意味着,"难以放松"可能是青少年抑郁-焦虑共病网络及其与其他影响因素

网络的主要桥症状,稳定的桥症状表明在青少年抑郁-焦虑共病中,针对"难以放松"的干预可能具有普遍性。见表3-6

表3-6 青少年抑郁-焦虑共病及其与社会心理影响因素的网络中心性症状的对比

| 网络 | 中心性症状 | 桥症状 |
| --- | --- | --- |
| 抑郁-焦虑共病网络 | 悲伤、害怕 | 难以放松、睡眠 |
| 抑郁-焦虑共病及其与社交焦虑网络 | 社交回避、社交紧张 | 难以放松、寻求帮助 |
| 抑郁-焦虑共病及其与学习压力网络 | 失败感、自杀 | 难以放松、自杀、失败感 |
| 抑郁-焦虑共病及其与虐待经历网络 | 推、抓、踢、不重要感 | 难以放松、自杀 |

综上,在心理教育与干预时应该充分考虑青少年抑郁-焦虑共病的特点及其与社会风险因素的相互作用关系。因此,我们提出如下几点心理教育与干预建议。

(1)培养健康的人格

培养健康的人格是保证青少年健康成长的关键,健康的人格具有调节情绪或动机的作用,增强对应激的抵抗力,从而避免形成心理问题。首先,学校应该尊重学生,保护学生的自尊心,帮助学生发挥潜能,促进学生个性发展和实现自我价值。其次,应该促进学生的全面发展,尤其是心理素质的发展。

(2)建立青少年心理健康预防计划

心理预防措施的目的在于减少心理问题和心理危机的发生,从而促进心理健康。在学校心理健康教育中,有必要加大对青少年抑郁和焦虑的筛查力度,在抑郁-焦虑共病的早期阶段及时发现,将有助于干预和治疗。根据青少年抑郁和焦虑的发病特点,进行间隔筛查如测量两周内的心理状态。同时学校应该提供心理健康专栏供学生寻求帮助和发泄情绪。

(3)构建积极的成长环境

我们应该关注社会风险因素对青少年抑郁-焦虑共病的影响。首先,减少家庭中的虐待行为或不同来源的学习压力,可能有助于降低青少年的抑郁-焦虑共病的发生率;再次,父母或监护人应该采取正确的家庭教养方式,尤其是避免采用强制型的家庭教养方式;最后,做到学校、家庭和社会的一体化心理健康教育,做到青少年的心理健康在学校、家庭和社会中受到同样的重视,尤其是家长或监护人应了解有关青少年的心理健康知识。

(4)加强人际关系,提供心理支持

对于青少年来说,人际关系显得尤为重要,包括亲子关系、师生关系和同伴关系。人际关系不和谐可导致社交焦虑症状,从而引发更为广泛的共病。良好的人际关系是青少年心理健康的重要前提之一。我们的研究发现,青少年抑郁-焦虑共病发生率随着社交焦虑程度的增加而升高。青少年多数时间是在学校学习,他们与同伴和老师相处的时间更多,因此需要处理好同伴关系和师生关系。消极的师生关系可能导致青少年叛逆、厌学等问题行为出现,而消极的同伴关系可能导致青少年孤僻、焦虑、抑郁等心理问题。通过人际沟通训练能提高青少年的人际交往能力从而提升人际关系的和谐度。

(5)心理干预的建议

首先,筛查结果中表现出抑郁或焦虑症状的青少年,都应例行考虑是否存在共病的可能;其次,评估时应考虑其发病年龄、性别以及发病原因,是否有其他风险因素的共病可能,例如社交焦虑或创伤后应激障碍等;最后,针对青少年抑郁-焦虑出现的核心症状和桥症状,应该同时采用心理疗法和物理疗法,如认知行为疗法、放松训练疗法和人际心理疗法等。必要时可在医师指导下进行相应的药物治疗,这样能起到更好的效果。